Vögel im Garten

KOSMOS

Ulrich Schmid

Vögel im Garten

KOSMOS

Inhalt

Lebensraum Garten

Gartengeschichte

Ursprünglich war Mitteleuropa ein reines Waldland. Baumlos waren vermutlich nur Küsten und Hochgebirge, Moore und Teile der Flussauen. Der Mensch war als Jäger und Sammler Teil eines Ökosystems, das er nicht wesentlich beeinflusste. Der Umschwung kam mit der „jungsteinzeitlichen Revolution", der bis heute wichtigsten Umwälzung im Leben von *Homo sapiens*: Vor etwa 7500 Jahren erreichte die Landwirtschaft Mitteleuropa, nachdem bereits vor über 10 000 Jahren im vorderasiatischen „fruchtbaren Halbmond" (Nordirak, Westiran, Südtürkei, Nordsyrien) Getreide angebaut und Ziegen und Schafe gezüchtet wurden. Der frühe Ackerbau schuf Lebensräume für viele vorher hier nicht heimische Neubürger aus Pflanzen- und Tierwelt: Ackerrittersporn, Haus- und Feldsperling, Feldhase und Feldhamster, Feldlerche und Feldgrille – schon die Namen sind Programm. Die Artenvielfalt stieg beträchtlich. In dieser Zeit könnten auch die ersten Gärten entstanden sein, gegen Haus- und Wildtiere eingezäunte Bereiche in der Nähe der Häuser.

GÄRTEN HEUTE

Dass Gärten nicht nur dem Anbau von Nahrungspflanzen, sondern auch der Erholung und Entspannung dienen, ist eine vergleichsweise junge Entwicklung. Diesen Luxus konnten sich zunächst nur Adelige leisten; erst viel später ging es auch beim gemeinen Volk herrschaftlicher zu. Der typische Bauerngarten mit kleinen Kieswegen, symmetrischen buchsbaumgesäumten Rabatten und bunter Blumenpracht entstand. Nach wie vor waren (Wild-)Tiere aber keine gern gesehenen Gäste. Erst mit der Krise der Natur in der freien Landschaft setzte ein Umdenken ein – ein Prozess, der noch lange nicht abgeschlossen ist. Die Idee des Naturgartens wurde entwickelt (der trotz des Namens intensiver Pflege bedarf), die wegführt von der Künstlichkeit vieler traditioneller Gärten und bewusst auf Landschaftselemente der Umgebung und auf heimische Pflanzen setzt. Mit diesen rückte auch die heimische Tierwelt in den Mittelpunkt des Interesses: Naturschutz im Garten.

Neue Lebensräume durch Landwirtschaft: Über Jahrtausende profitierten Pflanzen- und Tierarten vom Menschen. Moderne Wirtschaftsformen bringen aber viele einstmals häufige Arten wie die Feldlerche inzwischen an den Rand des Aussterbens.

Naturschutz im Garten

Die Mischung macht's: Naturschutz und klassische Nutzung durch Gemüsebeete und Blumenrabatten schließen sich nicht grundsätzlich aus.

Gärten sind in der Natur nicht vorgesehen. Sie verdanken ihre Anlage ebenso wie ihren Erhalt der pflegenden Hand des Menschen, sind also, im Sinne des Wortes, Lebensräume aus zweiter Hand. In Gärten – und das gilt, wenn auch in geringerem Maß, auch für Naturgärten – wird Ordnung gegen die Natur aufrechterhalten. Der Aufwand ist nicht gering: Ein Garten, sich selbst überlassen, wird sehr schnell von der Natur zurückerobert. Innerhalb erstaunlich kurzer Zeit schwindet die Ordnung: Beete werden unkenntlich, Wege wachsen zu, Gebüsche machen sich breit. Viele Pflanzenarten verschwinden, andere breiten sich hemmungslos aus und überwuchern große Flächen.

Naturschutz im Garten – ist das also nicht von vornherein ein Widerspruch? Nicht ganz, denn Naturschutz beschränkt sich nicht auf den Schutz ungestörter Lebensgemeinschaften, von denen es in Mitteleuropa ohnehin nicht mehr allzu viele gibt. Er beginnt im Kleinen, bei Schutz- und Hilfsmaßnahmen für einzelne Arten. Und hier bieten Gärten viele Möglichkeiten.

ARTENVIELFALT VOR DER HAUSTÜR

Wie viele Arten ein Hausgarten überhaupt beherbergen kann, ist gar nicht so leicht zu ermitteln. Das liegt natürlich vor allem daran, dass die meisten Tiere klein und unauffällig sind: Insekten beherrschen die Welt, und nicht nur die der Gärten. Andererseits liegt es aber auch daran, dass man eine ganze Heerschar spezialisierter Zoologen braucht, um alle Arten in einem Garten aufzustöbern und sicher zu bestimmen. Der Versuch, in einem 650 Quadratmeter großen Garten in England eine „Volkszählung" zu machen, endete nach 15 Jahren jedenfalls mit einem unerwarteten Ergebnis: 2204 Arten – obwohl viele Insektengruppen gar nicht erfasst wurden! Spitzenreiter waren Schlupfwespen (533 Arten), Schmetterlinge (364 Arten, überwiegend Nachtfalter), Pflanzen (397 Arten) und Käfer (251 Arten). Vögel waren mit 49 Arten vertreten. Und glauben Sie angesichts dieser Zahlen nicht, dass dieser Garten ein verwildertes Paradies für Tiere ist. Er sieht aus, wie Millionen Gärten aussehen: eine ordentliche Rasenfläche im Zentrum, umgeben von Blumenbeeten und Gebüschen.

Verborgenes Potenzial

Mehr Grün als Häuser: In vielen Wohngebieten übersteigt die durch Gärten eingenommene Fläche die überbaute deutlich.

Im Gegensatz zum öffentlichen Raum hat der eigene Garten einen großen Vorteil: Man kann ihn nach eigenen Vorstellungen gestalten, solange man sich an gesetzliche Vorgaben wie Grenzabstände für Bäume hält und den Nachbarn nicht stört. In diesem bescheidenen Rahmen lässt sich viel bewegen. Dabei ist es fast egal, welchen Tieren oder Pflanzen unser spezielles Interesse gilt und welche wir durch gezielte Maßnahmen unterstützen; es profitieren immer auch die anderen davon.

Ein konkretes Beispiel stammt aus einer der dichtesten besiedelten Stadtlandschaften Mitteleuropas. Hier liegt ein von einem Gewirr von Straßen eingeschlossener, wenige Ar großer Garten, dessen Besitzer ihn vor allem nach einem Kriterium pflegen: Er soll als Reservat für Wildpflanzen eine möglichst große Zahl heimischer Pflanzen beherbergen. Mehrere hundert Pflanzenarten wachsen inzwischen dort. Und ganz unbeabsichtigt stellte sich mitten in der Stadt eine atemberaubende Vielfalt von Insekten ein, darunter viele Arten, die als echte Raritäten gelten.

LEBENSRAUM GARTEN

Damit wird klar: In den Gärten schlummert ein gewaltiges und noch viel zu wenig genutztes Potenzial: Je mehr wir hier für Vögel und andere heimische Lebewesen tun, desto eher werden die Gärten zu einem das ganze Land überziehenden Lebensraum-Netz.

Der einzelne Garten mag klein sein. In verdichteten Neubaugebieten bleiben rund ums Haus oft nur noch zwei oder drei Ar. Aber in ihrer Gesamtheit bilden Hausgärten eine nicht zu vernachlässigende Größe: 6,7 Prozent der Fläche Deutschlands sind Siedlungsfläche. Davon sind etwa die Hälfte versiegelt, also in irgendeiner Form bebaut oder asphaltiert. Es bleiben ungefähr 12 000 Quadratkilometer Freifläche, und diese werden überwiegend von Gärten eingenommen. Das sind, umgerechnet in eine gebräuchliche „Flächenwährung", 1,36 Millionen Fußballfelder! Wird nur ein kleiner Teil davon so genutzt, dass Pflanzen und Tiere geeignete Verstecke und Nahrung finden, ist das ein gewaltiger Schritt für den Naturschutz!

Vorbild Naturgarten

Naturgärten entstehen nicht, wenn man sein Grundstück einfach der Natur überlässt. Sie bedürfen ebenso der Pflege wie ein normaler Ziergarten. Nur geht diese in eine völlig andere Richtung. Das Vorbild ist die Natur selbst. Heimische Arten, wenn möglich sogar solche aus der unmittelbaren Umgebung, haben absoluten Vorrang gegenüber aus anderen Kontinenten stammenden oder gärtnerisch weiterentwickelten Formen. Sie können nach eigenen ästhetischen Vorstellungen in Wildblumenbeete gepflanzt sein oder in Pflanzengesellschaften kombiniert werden, wie sie auch in der Natur vorkommen. Ob das funktioniert und sich ein Gleichgewichtszustand einstellt, der dann nur noch weniger pflegender Eingriffe bedarf, hängt davon ab, ob man Boden und Kleinklima richtig eingeschätzt hat. Blütenreiche Halbtrockenrasen lassen sich nun mal nicht auf schwerem Mergelboden erzwingen.

„Künstlich" ist auch am Naturgarten die gartentypische Kombination vieler Elemente auf kleinem Raum. Naturgärten sind „Landschaftskonzentrate", die Wiesen und Wildblumenbeete, Gebüsche und Bäume, Teiche, Trockenmauern oder Lesesteinhaufen vereinigen. Wer so gestaltet, braucht sich um die Vielfalt der Tierwelt keine Sorgen zu machen. Sie stellt sich im Gefolge der heimischen Flora von alleine ein.

Natürlich gehört es zum Prinzip, kein Gift einzusetzen. Die artspezifische chemische Keule gibt es ohnehin nicht, und wer „Schädlinge" meint, trifft damit in der Regel auch alle anderen. Und weil Vögel im Garten am Ende der Nahrungsketten stehen, letztlich auch diese.

WAS TUN?

Ist Ihr Garten noch weit weg von diesem Ideal? Keine Sorge: Den Garten der heimischen Natur zu öffnen, unterliegt keiner Alles-oder-nichts-Regel. Auch kleine Schritte führen in die richtige Richtung: mit Wildem Wein oder Efeu begrünte Fassaden, Rasensteine statt Asphalt auf der Einfahrt, Mauerpfeffer und Hauswurz auf dem Carport, ein Holunder statt einer Blautanne im Vorgarten, verblühte Stauden im Beet bis zum Frühjahr stehen lassen – es gibt viele Möglichkeiten, sich dem Ideal zu nähern!

Bunte Natur mit Staudenbeeten, offenen Flächen für Wildkräuter, Gebüschen und einem kleinen Teich mit Wasserpflanzen

Gimpel an Feuerdorn: Ungestörte Nistmöglichkeiten und genügend Nahrung machen Gärten attraktiv für Vögel.

Gärten – Ersatz für verarmte Landschaft

Trotz aller Möglichkeiten, die Gärten bieten: Spielen sie für den Natur- und Vogelschutz überhaupt eine Rolle? Schließlich nimmt die landwirtschaftlich genutzte offene Feldflur wesentlich mehr Raum ein, nämlich über die Hälfte der gesamten Fläche Deutschlands! Gerade sie hat sich in den letzten Jahrzehnten allerdings stark verändert – und nicht zum Besseren, wenn wir die Lebensbedingungen für Pflanzen und Tiere als Maßstab nehmen. Nachdem die Landwirtschaft jahrtausendelang ein Garant der Artenvielfalt war, weil sie offene Flächen schuf (–> S. 6), brachte das 20. Jahrhundert (und hier besonders die zweite Hälfte) einen grundsätzlichen Umschwung. Flurbereinigung, massiver Maschineneinsatz, (Über-)Düngung und mannigfaltige gegen Ernteschädlinge – ob Pflanzen, Tiere oder Pilze – eingesetzte Vernichtungsmittel heißen die vier Eckpfeiler moderner Landbearbeitung. Aus Landschaft wurde Produktionsfläche. Noch vor kurzem häufige Tiere und Pflanzen bevölkern inzwischen die Rote Liste der gefährdeten Arten. Der „stumme Frühling" ist in der intensiv genutzten Agrarlandschaft inzwischen vielerorts Realität. Neben dem Verlust der Brutplätze und der fast unlösbaren Aufgabe, die gesamte Jungenaufzucht in die knappe Zeit zwischen zwei Mähterminen zu packen, macht vor allem das Schwinden der Nahrungsgrundlagen zu schaffen, der Wildkräuter und der von ihnen lebenden Insekten.

VÖGEL IM GARTEN

Für die Vögel der offenen Landschaft können wir im Garten allerdings wenig tun. Rebhuhn und Feldlerche brauchen die weite Fläche und den offenen Horizont. Wenn sich an der Wirtschaftsweise nichts ändert, werden sie über kurz oder lang aus der Landschaft verschwinden und nur noch in einigen wenigen extensiver gepflegten Gebieten tragfähige Populationen aufbauen.

Für Arten der Feldgehölze und Hecken, der Waldränder und Obstwiesen dagegen können Gärten wichtige Rückzugsgebiete werden. Meisen, Bluthänfling, Stieglitz, Feldsperling und viele andere fühlen sich im kleinräumigen Mosaik einer Gartenlandschaft durchaus wohl.

Ausgeräumte Landschaften sind biologische Wüsten: Hier können langfristig weder Wildkräuter noch Tiere überleben.

Ihm können wir im Garten nicht helfen: Das Rebhuhn ist auf weiträumige offene Landschaften mit Brachflächen angewiesen.

Gärten für Vögel

Was braucht ein Vogel?

EIN TAG IM LEBEN VON HANS SPATZ

5 Uhr: Die Nacht im Nest habe ich hinter der Verschalung verbracht, zusammen mit meinem Weibchen. Spatzen sind sich schließlich lebenslang treu – von gelegentlichen Seitensprüngen mal abgesehen. Jetzt, 15 Minuten vor Sonnenaufgang, ist Zeit zum Singen.

7 Uhr: Futter muss her. Wie immer sind wir im Trupp unterwegs. Wir suchen Samen und Blättchen von Wildkräutern.

9 Uhr: Kurze Siesta. Wir versammeln uns alle in der dichten Hausbegrünung, putzen das Gefieder, plustern uns auf und lassen unseren Chorgesang hören: ein vielstimmiges Tschilpen.

10 Uhr: Nestbau ist zeitraubend: Stroh und Heu, zur Auspolsterung dann feine Halme, Haare oder Federn, wenigstens 1500 Einzelteile, alle im Umkreis

von 50 Metern gesammelt! Mancher holt auch Material vom Nachbarn, schließlich liegen unsere Nester unter der Verschalung im Halbmeterabstand. Wenn das überhandnimmt, kommt es zu schweren Prügeleien mit anderen Männchen.

11 Uhr: Wieder ist Nahrungssuche angesagt. Große Insekten sind unterwegs. Ich mach' es wie der Fliegenschnäpper, starte von der Dachrinne und fange sie im Flug. Andere sind im Gras unterwegs oder lesen die Insekten im Rüttelflug von den Büschen ab.

13 Uhr: Fliegeralarm! Eines der Weibchen hat einen Sperber entdeckt. Wir verstummen sofort, stürzen in Deckung in den Weißdorn und frieren minutenlang bewegungslos ein. Manche Sperber decken ihren Lebensunterhalt zur Hälfte aus uns Spatzen!

> ### EXPERTEN-TIPP
>
> Die Grundbedürfnisse der Spatzen sind die aller Gartenvögel: Brutgelegenheiten und sichere Ruheplätze, Nahrung und Wasser. Trotz unterschiedlicher Ansprüche der Arten im Detail (–> ab Seite 51) lassen sich einige Elemente wie Gebüsche, nahrungsreiche Blumen etc. zusammenstellen, die ein reiches Vogelleben im Garten garantieren. Diese finden Sie ab Seite 14.

Raum ist in der kleinsten Hütte: Spatzen nutzen findig jede Lücke zum Nestbau. Hier füttert ein Weibchen einen fast flüggen Jungvogel.

Dreckspatz? Dass Haussperling Sand- und Staubbäder lieben, hat sicher zu diesem Klischee beigetragen. Dabei geht es aber nicht um eine Schlammschlacht, sondern – ganz im Gegenteil! – um Körperpflege und Hygiene: Nichts hilft so gut gegen Federlinge und andere Parasiten wie ein intensives Sandbad.

14 Uhr: Sandbaden ist angesagt, ein seltener Genuss, weil die „Badeplätze" knapp sind: intensive Gefiederpflege und ausgedehntes Sonnen in entspannter Atmosphäre. Trotzdem passt immer jemand auf. Bei der geringsten Störung sind wir im nächsten Busch.

15 Uhr: Eigentlich reicht ja einmal für das ganze Gelege. Aber wir sehen das nicht so eng und paaren uns ziemlich oft. Dazu treffen wir uns zu ein paar zärtlichen Minuten an unserem Nest.

16 Uhr: Eine frisch gemähte Wiese! Das heißt: Jede Menge auf den Boden gefallene Samen. Ich entdecke das als Erster, rufe die ganze Truppe und warte, bis alle da sind. Erst dann beginne ich selbst zu fressen. Unser Tagesbedarf liegt bei etwa acht Gramm.

17 Uhr: Baden oder Duschen? Wir treffen uns heute mal unter dem Rasensprenger. Zum Trinken und Baden steuern wir sonst den wohlbekannten Gartenteich an.

18 Uhr: Und wieder Pause in der Sonne, gut geschützt im dichten Gebüsch: Sonnen, Putzen, Singen. Danach arbeiten wir noch ein Stündchen am Nest.

21 Uhr: Kurz vor Sonnenuntergang. Schluss für heute. Kann gut sein, dass morgen das erste Ei im Nest liegt. Dann beginnt unsere zweite Brut und nachher die Fütterungszeit – ein harter Job mit einem 15-Stunden-Tag für beide Eltern!

Immer auf der Hut: Dieser Spatz hat die Umgebung gut im Blick, während andere fressen.

Bäume

Bäume sind ein Kapitel für „Großgrundbesitzer": Viele moderne Hausgärten sind viel zu klein für einen ausgewachsenen Baum. Wer mit dem Platz nicht sparen muss und die optimale Lösung für Vögel sucht, pflanzt eine Eiche (–> Seite 79). Keine andere heimische Art beherbergt einen solchen Insektenreichtum, der Vögel anlockt. Die raue Borke bietet unzählige Verstecke für Kleintiere und damit eine wichtige Nahrungsgrundlage für Insektenfresser wie Meisen oder Baumläufer. Die Früchte helfen vielen Tieren – nicht nur Vögeln – über den Winter.

FÜR KLEINE GÄRTEN

In kleinen Gärten setzt man allerdings zwangsläufig lieber auf Baumarten, die von vornherein niedriger bleiben und/oder sich unproblematisch zurückschneiden oder gar „auf Stock setzen" lassen, wie man das radikale Kappen knapp über dem Erdboden nennt. Die Hasel (–> Seite 80), mit ihren Nüssen für Tiere vor allem im Herbst attraktiv, gehört ebenso dazu wie

Ein Mönchsgrasmückenpaar – er mit schwarzem, sie mit braunem Scheitel

die schnellwüchsige Salweide (–> Seite 80), die mit ihrer reichen Kätzchen-Blüte im Frühling oft die einzige Nahrungsquelle für früh fliegende Insekten ist. An sonnigen Tagen brummt die Luft um blühende Weiden von einer Unzahl von Bienen- und Fliegenarten. Früh heimkehrende Insektenfresser wie der Zilpzalp sind dankbare Abnehmer ... Wer eher an den Herbst und Winter denkt, pflanzt eine Vogelbeere (–> Seite 81), die ihren Namen ganz zu Recht trägt.

Die Klassiker unter den Gartenbäumen sind natürlich die Obstbäume. Apfel, Birne, Kirsche oder Quitte nutzen nicht nur den Vögeln, sondern auch uns Menschen. Bei der Schädlingsbekämpfung sollten wir dabei den Vögeln vertrauen – Gift im Garten verträgt sich nicht mit Vogelschutz. Vor allem die Meisen erweisen sich hier als äußerst effektive Helfer.

Einzelne immergrüne Gewächse wie Thuja (–> Seite 82) oder Wacholder geben im Winter Deckung und Nahrung. Vögel, die wie Grünfinken und Hänflinge schon vor dem Laubaustrieb mit der Brut beginnen, bauen hier auch gerne ihre Nester.

Auch ein kleiner Baum wie diese Vogelbeere ist eine große Bereicherung und lockt viele Arten an.

Hecken und Gebüsche

Viele Gestaltungsvarianten selbst in kleinen Gärten: Hecken und Gebüsche gliedern, lockern auf und grenzen ab. Die heimische Flora bietet viele Möglichkeiten. Optimal für Vögel ist eine Mischung aus früh blühenden und zeitlich gestaffelt fruchtenden Arten.

Bereits vor dem Laubaustrieb im Februar blüht gelb die Kornelkirsche. Sie zieht frühe Insekten (und damit auch Vögel) an und bietet eine echte Alternative zu den allerorts gepflanzten Forsythien, die für heimische Tiere gänzlich unattraktiv sind.

Schwarzer Holunder (–> Seite 83) darf nicht fehlen. Seine üppigen Blütenstände wimmeln von Insekten, die Beeren (oder ihre Kerne) werden von vielen Vögeln gerne gefressen.

Dritter im Bunde sollte der Weißdorn (–> Seite 82) sein. Auch für ihn gilt: Wertvoll sind sowohl die Blüten als auch die Beeren. Darüber hinaus machen dornige Sträucher wie Weißdorn, Schlehe oder von Brombeeren durchrankte Gebüsche die Brutplätze sicherer vor dem Zugriff von Nestplünderern (–> Seite 44). Besonders wirksame Dornen haben die Schlehen. Sie gedeihen allerdings nur auf trockenen, kalkhaltigen Böden in voller Sonne und sind wegen ihrer Wurzelausläufer nicht überall geeignet.

HECKENPFLANZEN

Was die Hecken betrifft: Nicht jeder Busch lässt sich in Form schneiden und bietet dann das, was man sich von einer Hecke verspricht, nämlich Schutz vor Wind, Wetter und neugierigen Blicken der Nachbarn. Aber auch hier werden wir in der heimischen Natur fündig. Liguster, Feldahorn und Hainbuche sind allemal besser als Thuja und Kirschlorbeer. Vor allem die beliebten und weitverbreiteten Thujahecken sind biologisch ziemlich tot. (Dagegen ist Thuja, als Einzelbaum gepflanzt, für Gartenvögel wegen der ganzjährigen Versteckmöglichkeiten und als Winternahrung interessant.)

Wenn es unbedingt immergrün sein muss, ist die einheimische Eibe eine gute Möglichkeit. Ihre Beeren werden von Vögeln gerne gefressen. Allerdings sind Eiben hoch giftig und deshalb nicht für alle Standorte geeignet, etwa wenn kleine Kinder im Garten spielen. Deshalb ist die Hainbuche (–> Seite 79) mein Favorit für Hecken. Weil sie gute Nistmöglichkeiten bietet und ihre dürren Blätter erst kurz vor dem Austreiben des frischen Laubes im nächsten Frühjahr verliert, ist sie sowohl als Sichtschutz als auch als Vogelgehölz besonders geeignet.

PFLANZEN FÜR GEBÜSCHE

Deutscher Name	Botanischer Name	Höhe	Blüten	Früchte
Kornelkirsche	Cornus mas	6 m	Februar/März	August/September
Blutroter Hartriegel	Cornus sanguinea	4 m	Mai/Juni	September
Weißdorn	Crataegus-Arten	10 m	Mai/Juni	August/September
Gemeines Pfaffenhütchen	Euonymus europaeus	3 m	Mai/Juni	August bis Oktober
Gemeiner Liguster	Ligustrum vulgare	5 m	Mai bis Juli	September/Oktober
Rote Heckenkirsche	Lonicera xylosteum	2 m	April/Mai	August/September
Schlehe	Prunus spinosa	3 m	März/April	September/Oktober
Schwarzer Holunder	Sambucus nigra	bis zu 7 m	Mai/Juni	August/September
Trauben-Holunder	Sambucus racemosa	3 m	Mai	Juli/August
Wolliger Schneeball	Viburnum lantana	2,5 m	Mai/Juni	August/September
Gemeiner Schneeball	Viburnum opulus	3 m	Mai/Juni	August/September

Wiesen

Solche Wiesen sieht man nur noch selten. Starke Düngung führt zu üppigerem Wachstum, gleichzeitig aber zu biologischer Verarmung. Das Zauberwort bei der Anlage einer Blumenwiese heißt „Abmagerung", also Nährstoffentzug. Nicht alle Böden sind hier gleich gut geeignet.

Rasen und Wiese: Beide haben im Garten ihre Berechtigung. Wo Bewegungsraum und Platz zum Spielen gebraucht wird, muss Rasen her. Eine Wiese überlebt kein Fußballspiel unbeschadet. Biologisch liegen zwischen Rasen und Wiesen Welten. Ein Rasen gilt als umso schöner, je mehr er sich dem Ideal des grünen Teppichs nähert. Das ist nur durch intensive Pflege möglich. Auch unter den Gräsern halten nur wenige den wöchentlichen Schnitt aus; Rasen sind deshalb (fast) Monokulturen. Das Wesen der Wiese ist dagegen Vielfalt: Vielfalt der Arten, Vielfalt der Farben, Vielfalt der Erscheinungsformen – im Frühjahr sieht die Wiese ganz anders aus als im Herbst.

Rasen ist höchstens ein Jagdrevier für die Amsel, die sich eher dafür interessiert, was sich unter dem Boden abspielt, wenn sie auf Wurmsuche ist. Blumenwiesen dagegen sind für Vögel doppelt attraktiv, einerseits durch die Pflanzen selbst, andererseits durch die Vielzahl von Insekten, die durch die Blütenpracht angelockt wird. Viele Gartenvögel wie Spatzen, Grünfinken, Hänflinge oder Stieglitze sind überwiegend Vegetarier. Einen großen Teil ihrer Nahrung stellen Wildkräuter („Unkräuter") und deren Samen. Erster „Großlieferant" ist meist der Löwenzahn, dessen Samen bereits lange vor der Reife aus den Blütenkörbchen gewonnen werden. Besonders Grünfinken sind scharf auf die milchreifen Löwenzahnsamen; im Gegensatz zu vielen anderen Körnerfressern verfüttern sie kaum Insekten, sondern ziehen ihre Jungen weitgehend mit pflanzlicher Kost auf.

ANLAGE EINER BLUMENWIESE

Die Anlage von Blumenwiesen ist nicht einfach. Wiesen entstehen nicht „von alleine", wenn man seinen Rasen nicht mehr pflegt. Mit dem Ausbringen einer Samenmischung aus dem Fachhandel und dem Einmotten des Rasenmähers ist es nicht getan. Eine blütenreiche „geordnete Wildnis" stellt sich oft erst ein, wenn der überdüngte Rasen umgegraben, durch Einfräsen von Sand abgemagert und mit einer an den Standort angepassten Mischung von Grasfrüchten und Blumensamen angesät wurde. Beschaffenheit, Nährstoffgehalt und Feuchtigkeit des Bodens entscheiden darüber, welche Pflanzengesellschaft sich anschließend auf der Wiese einstellt. Die Faustregel heißt: Je nährstoffarmer („magerer") der Boden, je sonniger der Standort, desto größer die Vielfalt.

Blumen

Wer auf einen ordentlichen Rasen nicht verzichten will, hat hier die Möglichkeit zum Ausgleich. Vielfalt im Staudenbeet bietet zahlreiche Möglichkeiten, Vögeln zu helfen. Zwei Wege führen zum Ziel. Der indirekte Weg besteht in der Schaffung eines reichen Nahrungsangebotes für Insekten. Nektar für alle, heißt die Devise dabei. Eine Mischung von Pflanzen, die wie viele Dolden- und Korbblütler Nektar und Pollen offen anbieten und damit vor allem Fliegenarten (wie zum Beispiel Schwebfliegen) und Käfer anlocken, und solchen, die mit tiefen Kelchen Wildbienen und Schmetterlingen zugänglich sind, ist ideal. Der direkte Weg: Stauden anpflanzen, die reichlich Samen bilden. Neben dem Klassiker, der Sonnenblume, kommen hier viele Arten in Frage. Das Ganze funktioniert natürlich nur, wenn das Beet im Herbst nicht abgeräumt wird – auch wenn das etwas unordentlich aussehen kann. Ein bisschen Chaos im Beet ist auch im Sommer hilfreich: Die Vögel danken es, wenn hier und da eine Vogelmiere oder ein Gauchheil zwischen den Stauden stehen bleiben darf.

WILDKRÄUTER UND EXOTEN

„Unkraut" siedelt sich spontan an. Hier besteht unser Beitrag zum Naturschutz im Stehenlassen – nicht überall und immer, aber es gibt sicher in jedem Gar-

HEIMISCHE STAUDEN	
Name	**Blüte**
Baldrian *(Valeriana officinalis)*	Mai bis August
Beinwell *(Symphytum officinalis)*	Mai bis August
Gemeiner Natterkopf *(Echium vulgare)*	Mai bis Oktober
Kornblume *(Centaurea cyanus)*	Juni bis Oktober
Mädesüß *(Filipendula ulmaria)*	Juni bis August
Pastinak *(Pastinaca sativa)*	Juli bis August
Schmalblättriges Weidenröschen *(Epilobium angustifolium)*	Juni bis September
Wald-Engelwurz *(Angelica sylvestris)*	Juli bis September
Wasserdost *(Eupatorium cannabinum)*	Juli bis September
Wilde Karde *(Dipsacus fullonum)*	Juli bis August

ten Stellen, an denen es seinen Charme entfalten kann. Im Staudenbeet gehen wir gezielter vor. Wer auf die heimische Flora setzt, wird sich Samen aus der Umgebung beschaffen, vorziehen und einpflanzen. Dabei muss darauf geachtet werden, dass der Standort stimmt: Sumpfdotterblumen beispielsweise wachsen nur im Feuchten.

Übrigens: Auf „Ausländisches" muss im Beet nicht grundsätzlich verzichtet werden: Sonnenblume, Nachtkerze, Kugeldistel, Rudbeckie, Goldrute, Ringelblume oder Lavendel werden von vielen Insekten angeflogen und von Vögeln genutzt.

Bunte Blumen sind nicht nur ein Blickfang fürs Auge, sondern ziehen auch viele Insekten an.

Grün am Haus

Kletterpflanzen verwandeln sterile Mauern und Wände in lebendige Teppiche. Wie von selbst entstehen in den grünen Fassaden Verstecke und Brutplätze für Vögel. Das Futter wird frei Haus geliefert: Spinnen und Insekten sind häufig (keine Angst: Sie bleiben lieber draußen und kommen selten ins Haus).

KLETTERPFLANZEN OHNE GERÜST ...

Will man keine Klettergerüste aufstellen, bieten sich zwei Alternativen: Wilder Wein und Efeu. Beide halten sich selbst an der senkrechten Wand fest, Wein mit Haftfüßchen, Efeu mit Haftwurzeln. Schäden am Haus sind im Allgemeinen nicht zu befürchten; sind die Mauern sehr feucht oder der Putz dünn und schadhaft, sollte man aber eher auf den Wilden Wein zurückgreifen. Er ist auch in Varianten erhältlich, die sich weniger stark anheften. Schnelles Wachstum und flammende Herbstfärbung sprechen ebenfalls für ihn. Der heimische Efeu wächst zwar nur langsam, ist aber immergrün und bietet damit ganzjährig Schutz. In seinen knorrigen Stämmen und Trieben lassen sich Nester sehr gut verankern. Efeu blüht als eine der letzten Pflanzen im Spätherbst und zieht dann eine Un-

Die nektarreichen Efeublüten ziehen Insekten – hier eine Schwebfliege – und dadurch auch Vögel an.

menge nektarsuchender Insekten an. Später sind seine Beeren bei vielen Vögeln überaus beliebt. Sie reifen, für Beeren sehr ungewöhnlich, im Frühjahr.

... UND MIT GERÜST

Wer statt mit Selbstklimmern an der Fassade lieber mit Rankgerüsten arbeitet: Eine Art des Wilden Weins, die Gewöhnliche Jungfernrebe *(Parthenocissus vitacea)*, heftet sich nicht fest, sondern braucht diese Art von Aufstiegshilfe ebenso wie Glyzinie, Jelängerjelieber, *Clematis*-Arten oder Kletterhortensien.

Wilder Wein verschönt langweilige Fassaden und bietet Vögeln Nistmöglichkeiten und Nahrung.

Wasser im Garten

Es gibt wenig, mit dem man Vögeln mehr Freude machen kann als mit einem Vogelbad. Sich selbst auch, denn Vögeln beim Baden zuzusehen, ist sehr erfrischend – und macht gleich ein grundsätzliches Problem klar. Das Wasser spritzt nach allen Seiten, wenn intensiv gebadet wird. Kleine Vogeltränken sind nach zwei Amselvollbädern fast leer. Regelmäßiges Nachfüllen, eine Tropfzufuhr oder ein kleiner Gartenteich mit einer leicht zugänglichen, flachen Uferzone schaffen Abhilfe. Ein guter Überblick ist notwendig; Vögel schätzen es gar nicht, wenn sie beim Baden von Katzen gestört werden und meiden unübersichtliche Wasserstellen.

In kleineren Gärten kommen oft Fertigteiche aus Plastik zum Einsatz. Bei sinkendem Wasserstand können für Kleintiere (von innen) unüberwindliche Barrieren entstehen. Wenn Sie Möglichkeiten zum Ausstieg neben Flachwasserzonen schaffen, entstehen auch ideale Trink- und Badeplätze für Vögel.

VOGELBAD UND -TRÄNKE

An manchen Tagen genügen die Flüssigkeit aus der Nahrung und die Tautropfen, um den Wasserbedarf zu decken. Wird es dagegen heiß und trocken, sind Vögel (und nicht nur sie) auf eine Gelegenheit zum Trinken angewiesen. Wichtig ist, dass Wasser verlässlich zur Verfügung steht. Vögel haben ein hervorragendes Ortsgedächtnis und sind sichtlich enttäuscht, wenn die gewohnte Wasserstelle gerade dann ausgetrocknet ist, wenn sie am dringendsten gebraucht wird.

Übrigens: Auch im Winter müssen Vögel trinken und baden. Ein besonderer Service ist ein handelsüblicher Tränkenwärmer, der Einfrieren verhindert.

Eine flache Uferzone lädt zum Trinken und Baden ein.

EXPERTEN-TIPP

Vogelbäder kann man kaufen. Schöner fügen sich aber selbst gemachte in den Garten. Nicht zu harte Sandsteine sind gut geeignet. Hammer, Meisel, Schutzbrille und ein paar Stunden Zeit genügen, um eine etwa 5 cm tiefe Mulde mit flachen Rändern auszuarbeiten.

Kompost und Trockenmauern

Zwei Elemente, mit denen sich Vielfalt im Garten fördern lässt: Baumstubben und Steinhaufen

KOMPOST, TOTHOLZ, FALLLAUB

Jeder Garten hat seine „Schmuddelecken". Das darf sein. Es sollte sogar sein. Nicht alles, was abgestorben ist, muss gleich in die Tonne. Abgeblühte Stauden werden für Vögel erst richtig interessant, wenn sie Samen bilden. Kaum ein Lebensraum-Element ist so wertvoll wie ein toter alter Baumstamm. Und dort, wo Gartenabfälle kompostieren, morsches Holz zerfällt, Laubhaufen vermodern und vielleicht auch in Gärtnerkreisen verfemte Unkräuter wie Giersch und Brennnessel wachsen dürfen, blüht das Leben. Zahlreiche Arten wirbelloser Tiere vom Regenwurm bis zur Kellerassel beteiligen sich an der Zersetzung organischer Abfälle. Sie wiederum ziehen Vögel an: Amseln durchwühlen den Kompost, Rotkehl-

chen picken an der Oberfläche und brüten zwischen alten Stubben, Zaunkönige huschen durch das Unterholz mit seiner dichten Krautschicht. Der Komposthaufen ist also weit mehr als ein „Recyclinghof" für den Garten.

TROCKENMAUER

Während der klassische Kompost sein Dasein eher im Feuchten und Dunklen fristen muss – das garantiert effektive Zersetzung –, ist ein anderes Element eher etwas für helle und sonnige Stellen: Kleine Trockenmauern gliedern Gärten aufs Schönste. Mit Felspflanzen wie Hauswurz oder Mauerpfeffer bewachsen oder von wärmeliebenden Ruderalpflanzen wie dem Natterkopf begleitet können sie zu echten Schmuckstücken werden. Ideal sind sie in leicht geneigtem Terrain, wo sie Geländestufen stützen helfen. Aber auch im flachen Land lassen sich Trockenmauern sinnvoll einsetzen, etwa beim Aufbau einer Kräuterspirale. Die vielen Verstecke zwischen den Steinen und eine entsprechende Bepflanzung mit Wildkräutern und -stauden garantieren ein reiches Insektenleben. Am Boden Nahrung suchende Vögel werden deshalb an Trockenmauern leicht fündig.

Kein Platz für klassische „Unkräuter" wie die Brennnessel?

Nisthilfen

Nistkästen

Zahlreiche Gartenvögel sind Höhlenbrüter. Natürliche Bruthöhlen sind in den meisten Gärten aber knapp, selbst wenn manche Arten durchaus findig und nicht auf alte Bäume mit vom Specht gemeißelten oder im Lauf der Zeit ausgefaulten Höhlen angewiesen sind. Der Nistkasten, nichts anderes als eine künstliche Bruthöhle, war lange das Symbol des Vogelschutzes schlechthin. Auch wenn dieser inzwischen weit über den eigenen Garten hinaus reichen muss: Nistkästen aufzuhängen ist nach wie vor zeitgemäßer aktiver Naturschutz.

NISTKÄSTEN FRÜHER

Allerdings sind Nistkästen älter als der Naturschutzgedanke. Seit Jahrhunderten werden sie benutzt, um Vögel anzusiedeln. Die Nestlinge landeten früher dann allerdings nicht in der freien Wildbahn, sondern im Kochtopf. Besonders geeignet für diese sehr spezielle Form der Hege waren die beiden Arten, die keine Reviere bilden, sondern in enger Nachbarschaft brüten: Nisturnen aus Ton für Stare und Spatzen sind seit etwa dem Jahr 1500 belegt, hölzerne Nistkästen seit dem 16. Jahrhundert.

Gegen Ende des 19. Jahrhunderts hatten sich die Zeiten grundsätzlich gewandelt. Nirgends wird das deutlicher als in dem im Jahr 1899 erstmals erschienenen Bestseller „Der gesamte Vogelschutz", in dem Hans Freiherr v. Berlepsch bereits die Ausräumung der Landschaft durch die moderne Landwirtschaft als Ursache des Artenrückgangs anprangerte. Seine Rezepte: Vogelschutzgehölze, Nisthilfen, Winterfütterung. Berlepsch begründete das Aufhängen von Nistkästen in erster Linie ökonomisch: Die meisten Höhlenbrüter sind Insektenfresser und gelten als Schädlingsvertilger. Mit ähnlichen Argumenten sprach er das

Den Katzen schliessen sich würdig die Sperlinge an, ja da, wo wir Nisthöhlen aufhängen, wirken sie noch viel schädlicher als jene.

Jede Höhle wird sofort von ihnen in Besitz genommen, und wenn eine solche schon von einem anderen Vogel bezogen war, wird dieser rücksichtslos daraus vertrieben.

Schwächeren Vögeln gehen sie dabei direkt mit dem Schnabel zu Leibe, stärkeren, wie Staren etc. verleiden sie die Niststätte durch fortgesetzte Störung und vereintes Lärmen. Durch diese ewige Beunruhigung werden aber nicht nur Höhlenbrüter, sondern auch andere Vögel mehr oder weniger gestört und vertrieben, und so kann ich nicht umhin, den Spatz eben überall, wo es sich um Ansiedelung anderer Vögel handelt, als unbedingt schädlich zu bezeichnen.

Kampfansage an einen „Schädling": Vogelschutz galt vor hundert Jahren nicht für Spatzen.

> ## EXPERTEN-TIPP
>
> Es gibt keine Fehlbelegung von Nistkästen. Ob Spatz oder Meise, Fledermaus oder Hornisse – Wohnraum brauchen sie alle! Wenn alle Nistkästen im Garten belegt sind, ist das ein deutliches Signal: Hängen Sie mehr auf! Spät eintreffende Zugvögel sollten auf jeden Fall noch die Chance haben, eine freie Wohnung zu finden.

Verdammungsurteil über die Sperlinge: „Gegen die Spatzen gibt es auch in der Nisthöhlenfrage kein anderes Mittel als Vernichtung." Die Zeiten haben sich gewandelt: Heute steht selbst der Haussperling auf der Roten Liste und bedarf unbedingt unseres Schutzes.

Heute ein seltener Anblick: Früher wurden Stare in solchen Kolonien „angebaut" und gegessen.

Kontrolle und Pflege

Mit dem Aufhängen ist es nicht getan. Damit die künstliche Nisthöhle viele Jahre lang genutzt werden kann, sollte sie nach der Brutzeit im Spätsommer gesäubert werden. Trockenreinigung mit Kratzer und einer groben Bürste genügt meist. Das alte Nest wird entsorgt. Es wird nicht wieder genutzt und bietet Brutraum für eine Menge ungebetener Gäste wie Flöhe, Milben, Lausfliegen und Wanzen, die nur darauf warten, dass wieder Vögel in die Höhle ziehen. Ein weiterer Nachteil: Je mehr alte Nester überbaut werden, desto eher geraten Nest und Jungvögel in die Reichweite der Pfoten von Steinmardern oder Katzen, die durch die Fluglöcher angeln.

ACHTUNG FLÖHE!

Bevor Sie sich einem Kasten nähern, um ihn zu reinigen, werfen Sie einen Blick auf das Einflugloch. Kleine schwarze Punkte rund um die Öffnung sollten Sie misstrauisch machen: Es könnte sich um ausgehungerte Vogelflöhe handeln, die notfalls auch mit Menschen vorlieb nehmen. Nicht gefährlich, aber lästig: Stark juckende, in der Regel im Abstand von wenigen

Junge Blaumeisen im Nistkasten: Das Nest besteht überwiegend aus Moos.

Zentimetern aufgereihte Stiche sind die Folge – eine weitere Gesundheitsgefährdung besteht aber nicht.

NISTKASTEN IM WINTER

Auch im Winter stehen die Nistkästen nicht leer. Von Vögeln werden sie gerne als Schlafplatz genutzt, vor allem in eiskalten Nächten. Manchmal drängen sich dann sogar mehrere dicht aneinander gekuschelt in einem engen Kasten: Das hält warm. Auch die erstaunlich gut kletternde Waldmaus (die auch in Gärten und im Winter sogar in Häuser kommt) richtet es sich gern gemütlich ein. Sie kann den ganzen Kasten mit Blättern füllen. Deshalb empfiehlt es sich, den Kasten auch nach dem Winter nochmals zu kontrollieren und eventuell zu reinigen. Aber nicht zu spät, da Meisen mögliche Brutplätze schon im Spätwinter inspizieren.

REINSCHAUEN ERLAUBT?

Auch während der Brutzeit ist ein Besuch nicht völlig tabu. Kaum ein Vogel nimmt es übel, wenn man einmal (!) einen ganz vorsichtigen Blick in seine Kinderstube wirft. Zuerst sollten wir aber prüfen, wer hier wohnt. Was Blau- oder Kohlmeisen nur kurz beunruhigt, kann ausgerechnet die „frechen" Spatzen zum Abbruch der Brut bewegen. Sie lassen wir in Frieden.

Ist die Brut ausgeflogen, sammeln sich hungrige Vogelflöhe am Flugloch.

Werkstoffe: Holz und Holzbeton

Meisen, die in Baumhöhlen brüten, sind für gelegentliche „Ausrutscher" bekannt: Briefkästen, Laternenmasten, Schwalbennester oder Stiefelschäfte dienten schon als Bruthöhle. Trotzdem kommen für den Selbstbau von Nistkästen nur Holz oder Holzbeton in Frage. Alternative Lösungen mit Plastikrohren oder ähnlichen Werkstoffen sind originell, versagen aber in der Praxis meist. Stimmt das Mikroklima in der Bruthöhle nicht, kommt es schnell zum totalen Brutausfall. Kästen aus Holz oder Holzbeton entsprechen in ihren Temperatur- und Feuchtigkeitswerten dagegen den natürlichen Baumhöhlen fast völlig. Darauf sind die Höhlenbrüter durch eine lange Evolution angepasst. Also: keine unnötigen Experimente mit anderen Materialien.

EXPERTEN-TIPP

Nistkastenbau macht auch Kindern Spaß. Selten ist der Zusammenhang zwischen tätigem Engagement und Erfolg im Naturschutz so offensichtlich wie hier.

HOLZ ODER HOLZBETON?

Stellt man nur gelegentlich einen Kasten her, wird man beim Holz bleiben und auf die Bauanleitung auf Seite 27 zurückgreifen. Geht man in Serie, ist Holzbeton eine gute Alternative. Hier sind die Vorbereitungen zwar wesentlich aufwändiger, weil eine Gussform gebaut werden muss, die Kosten bei der Produktion größerer Stückzahlen aber geringer. Zudem halten Holzbetonkästen Jahrzehnte, während Holzkästen – je nach Wettereinfluss – oft schon nach einigen Jahren ausgetauscht werden müssen.

Wer zum Nistkastenbau keine Zeit, keine Lust oder zwei linke Hände hat, kann auf ein großes Angebot im Handel zurückgreifen. Hier werden vor allem Kästen aus Holzbeton angeboten.

Starenkasten aus unbehandeltem, sägerauem Holz, dem klassischen Baustoff für Nistkästen

Ein Feldsperlingpärchen inspiziert einen Nistkasten aus Holzbeton.

Achten Sie beim Kauf auf Empfehlungen der Naturschutzverbände.

HOLZBETON SELBER MACHEN

Holzbeton besteht aus einem Gemisch von Zement und Sägespänen, das mit Wasser angerührt und (zum schnelleren Abbinden) mit Calciumchlorid versetzt wird. So entsteht eine pastöse Masse, die in vorgefertigte Formen gedrückt wird und dort abbindet. Die Form kann wieder verwendet werden. Wer Kästen aus Holzbeton selbst herstellen will, findet ein Rezepte samt ausführlichen Arbeitsanleitungen auf der Internetseite vom BUND Ortsverband Darmstadt (www.nabu.de) und in dem Buch „Vogelschutz" von Ruge (–> Seite 91).

Gäste willkommen

Hornissen am Nistkasten: Mit ihren starken Kiefern haben sie das Flugloch bereits erweitert.

Nicht nur Vögel sind an Höhlen interessiert. Waldmäuse und Siebenschläfer sind ebenfalls häufig zu Gast. Für Fledermäuse gibt es zwar Spezialkästen, die am Haus oder im Garten aufzuhängen sich ebenfalls lohnt, nicht selten findet man sie aber auch schlafend in einer Nisthöhle für Vögel. Auch eine Vielzahl von Insekten nutzt die Schlupfwinkel. Besonders spektakulär sind Hornissenbaue, die im Lauf des Spätsommers weit über den Nistkasten hinauswachsen können. In allen Fällen gilt: Gäste sind willkommen und werden nicht ausquartiert. Wo die Nachfrage nach Wohnraum steigt, sollten wir lieber das Angebot vergrößern. Übrigens: Das Hornissenvolk stirbt nach den ersten starken Frostnächten. Allein die Königin überwintert, aber sie tut das nicht im Bau, der auch im nächsten Jahr nicht wieder bezogen wird. Im Spätherbst kann der Nistkasten sauber gemacht werden.

25

HORNISSEN – EIN PROBLEM?

Schon der Name lässt vielen einen Schauer über den Rücken laufen. Unsere größte heimische Wespe hat keinen guten Ruf. Zu Unrecht: Sieben Hornissenstiche töten einen Menschen – dieses Ammenmärchen können Sie getrost vergessen. Hornissen führen nur unwesentlich mehr Gift mit sich als ihre kleinere Wespenverwandtschaft, etwa 0,18 statt 0,14 Milligramm. Damit können sie (wie alle Wespen) nur Menschen gefährlich werden, die unter allergischen Reaktionen gegen das Gift leiden. Zudem sind Hornissen ausgesprochen friedlich. Wer einen Mindestabstand von zwei Metern zum Nest einhält, ist meist auf der sicheren Seite. Zwetschgenkuchen und süße Getränke lassen die Riesenwespen kalt, weshalb sie nicht lästig werden. Im Gegenteil: Wenn die imposanten Tiere auf Jagd gehen, sorgt das für viele interessante Beobachtungen.

EXPERTEN-TIPP

Siedeln sich Hornissen an eine kritische Stelle an, etwa auf einem Balkon oder neben dem Sandkasten, dürfen sie als besonders geschützte Tiere nicht einfach vertrieben werden. Wer Ihnen beim Umsiedeln der Hornissen helfen kann, erfahren Sie unter www.hornissenschutz.de. Dort finden Sie auch Bauanleitungen für Hornissenkästen – falls Sie die interessanten Tiere nicht nur um-, sondern auch ansiedeln wollen.

Standardkasten für viele Arten

Unbehandeltes sägeraues, zwei Zentimeter starkes Holz, ein paar starke Nägel, Stichsäge, Lochbohrer und ein paar Stunden Zeit – mehr braucht man nicht, um mithilfe des Bauplans auf Seite 27 einen Nistkasten herzustellen, der fast alle Wünsche befriedigt. Viele der Höhlenbrüter im Garten haben eine Standardgröße von etwa 14 cm Breite und Tiefe und sind mit diesem von der Vorderseite her leicht zu öffnenden Standardkasten gut bedient. Das Holz bleibt natürlich roh; Holzschutzmittel ist an dieser Stelle schädlich. Biologisch unbedenklich ist Leinöl, mit dem man den Kasten außen imprägnieren kann. Das Dach kann mit Dachpappe oder einem Stück Teichfolie überzogen werden; das steigert die Lebensdauer. Der Rest des Kastens wird nicht verkleidet, weil sonst das Mikroklima leidet.

Auch wenn gehobeltes Holz schöner aussieht: Innen muss es so rau sein, dass sich Vögel halten können.

DAS EINFLUGLOCH

Das Einflugloch des Standardkastens hat einen Durchmesser von 32 Millimeter. Es gibt aber gute Gründe, kleine Meisen exklusiv mit einem kleineren Loch zu bedienen; in der Konkurrenz um Nistplätze unterliegen sie den größeren Arten sonst leicht. Im Garten betrifft das vor allem die Blaumeise, sonst auch Sumpf- und Tannenmeise. Gartenrotschwänze bevorzugen hochovale Löcher; solche Höhlen werden aber auch von anderen gerne genutzt. Der Kleiber mauert Eingänge, die ihm zu groß sind, einfach zu. Sind sie ihm dann auf den Leib geschnitten, braucht er größere Konkurrenten nicht mehr zu fürchten.

DER STARENKASTEN

Der klassische Starenkasten muss insgesamt größer sein als das Basismodell. Schließlich ist der Star mit 21 cm selbst einiges größer als Meise & Co. Auch das Flugloch ist mit 45 bis 50 Millimeter deutlich größer. Eine Sitzstange muss nicht sein. Solche Höhlen bevorzugt auch der sehr seltene Wendehals, ein rindenfarbener Specht, der sich anders als seine Verwandtschaft seine Bruthöhlen nicht selber zimmert.

EINZEL-, REIHEN- ODER HOCHHAUS?

Die meisten Vogelarten verteidigen ihr Brut- und Nahrungsrevier gegen Artgenossen. Deshalb ist im Garten in der Regel nur Platz für ein Brutpaar jeder Art.

In Nistkästen brüten nicht nur Meisen. Auch der Halsbandschnäpper nutzt sie gerne.

STANDARDKASTEN: FLUGLOCHDURCHMESSER

Art	Durchmesser des Fluglochs
Kohlmeise	30–34 mm
Blaumeise	26–27 mm
Sumpfmeise	26–28 mm
Tannenmeise	25–27 mm
Kleiber	32 mm (größere werden zugemauert)
Gartenrotschwanz	32 x 47 mm (hochoval)
Trauerschnäpper	32 oder 30 x 45 mm
Halsbandschnäpper	32 oder 30 x 45 mm
Feldsperling	32 oder 30 x 45 mm
Haussperling	32 mm

Anders bei Staren und Spatzen. Hier beschränkt sich der persönliche Bereich auf das eigene Nest. Spatzen- wie Starenkästen können deshalb eng zusammengehängt werden – oder gleich zusammengebaut. Dabei spielt es keine Rolle, ob die Wohnungen nebeneinander (Modell Reihenhaus) oder übereinander (Modell Hochhaus) liegen.

AUFHÄNGUNG UND SCHUTZ

Bevorzugt hängen wir die Kästen im Herbst auf, der Wetterseite abgewandt, leicht beschattet (aber möglichst nicht auf Nordseiten) und mit freiem An- und Abflug. Das Flugloch sollte waagerecht oder leicht abwärts orientiert sein Die Höhe über Grund ist weniger entscheidend; Meisen nisten gelegentlich sogar unterirdisch in Mäuselöchern. Wichtiger ist, dass Katzen keinen Zugang haben. Sonst ist ein Verlust der Brut nur eine Frage der Zeit. Steinmarder sind noch wesentlich geschicktere Kletterer. Ein Drahtaufsatz vor dem Einflugloch kann schützen. Auch eine waagerechte, etwa drei Zentimeter starke

Sollte in keinem Garten fehlen: Der Standardkasten bietet sehr vielen Tierarten Haus und Heim.

EXPERTEN-TIPP

Der seltene Halsbandschnäpper, ein Spätankömmling, nistet gelegentlich auch in Obstgärten. Um ihm einen guten Brutplatz zu reservieren, kann man zu einem einfachen Trick greifen: Man verschließt das Flugloch bis Mitte April.

Leiste, innen unter dem Flugloch an die Nistkastenwand geleimt, erschwert den Zugriff.

Im Wald meißeln Buntspechte die Kästen gelegentlich auf und holen sich die Brut. Hier helfen Blechverstärkungen um das Flugloch oft, aber nicht immer. Findige Spechte dringen einfach von der Seite ein. Schließlich gehört es zu ihren ureigenen Fähigkeiten, Löcher in Holz zu klopfen ... Selbst Kästen aus Holzbeton können dem Trommelwirbel der Spechte nicht widerstehen.

Halbhöhlenkasten

*Hausrotschwänze brüten gerne in Halbhöhlen-
kästen. Hier ist die Brut kurz vor dem Ausfliegen.*

Bodennah gehängt werden Halbhöhlenkästen gelegentlich auch von einigen weiteren Gartenvögeln genutzt, vor allem von Rotkehlchen und Zaunkönigen.
Bieten Mauervorsprünge, Balkenköpfe oder Fassa-
denbegrünungen reichlich Nischen, kann man auf
solche zusätzlichen Kästen verzichten – es sei denn,
man will ein mardersicheres Angebot machen. Eine
Alternative sind auch in die Hauswand eingelassene
Niststeine, die sie im Handel bekommen.
Wie alle Nistkästen werden auch diese im Spätsommer gereinigt, damit sie im nächsten Frühjahr erneut
bezogen werden können.

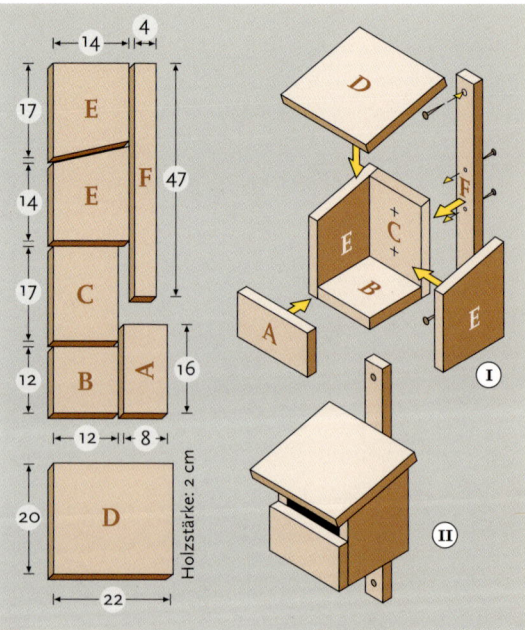

Für Wohnungen dieses Typs gibt es drei Hauptbewer-
ber: Hausrotschwanz (–> Seite 67), Grauschnäpper
(–> Seite 66) und Bachstelze (–> Seite 69). Alle drei
brüten gerne an Gebäuden. Überall, wo glatte Fassaden keine Brutmöglichkeiten bieten, helfen Halbhöhlenkästen. Sie sollten vor Regen ebenso wie vor pral-
ler Mittagssonne gut geschützt sein; es empfiehlt sich
ein Plätzchen unter der Dachtraufe, wenn diese nicht
zu hoch liegt. Ein oder zwei kleine Bohrun-
gen im Boden verhindern eine Überschwemmung im
Nest, falls doch einmal Schlagregen einsetzt.

*Wer an seinen handwerklichen Fähigkeiten zwei-
felt und sich noch nicht an den Standardkasten auf
Seite 27 wagt, kann hier üben: Der Halbhöhlenkasten gilt als Einsteigermodell für Nistkastenbauer. Auf
die Wandbefestigung über eine eigene Leiste (F) können Sie auch verzichten und den Kasten direkt mit
einer Schraube durch die Rückwand (C) befestigen.*

Turmfalke und Schleiereule

Beide sind versierte Mäusejäger – nur zu ganz unterschiedlichen Tageszeiten. Die Falken sind tagsüber unterwegs, die Eulen in der Dunkelheit. Turmfalken (–> Seite 52) brüten selbst in Innenstädten und nehmen zur Nahrungssuche auch weite Anflugwege in Kauf. Außerdem mögen sie die Höhe. In der Brutplatzwahl sind sie nicht zimperlich. Auf Hochhäusern kann es schon mal sein, dass ein Turmfalke auf dem Balkon im Blumenkasten brütet. Auch ein Nistkasten sollte also möglichst hoch unter dem Giebel hängen. Er kann, wie ein gigantischer Halbhöhlenkasten mit einer Grundplatte von etwa 30 x 50 Zentimetern, außen angebracht werden. Das ist allerdings nicht besonders schön. Deshalb wird er gerne ins Innere verlagert. Er gleicht dann der hier skizzierten Schleiereulenwohnung, bei der auf das innere Brett zur Abdunklung verzichtet wird und die für Falken-

Schleiereulenpaar mit vier Jungvögeln

zwecke nicht ganz so geräumig sein muss. Da weder Falken noch Eulen Nester bauen, wird eine Schicht Holzmulm oder grobes Sägemehl eingestreut.
Eine Eulenwohnung anzubieten, lohnt nur in ländlichen Gegenden oder am Stadtrand. Eulen jagen nämlich gerne direkt vor der Haustür.

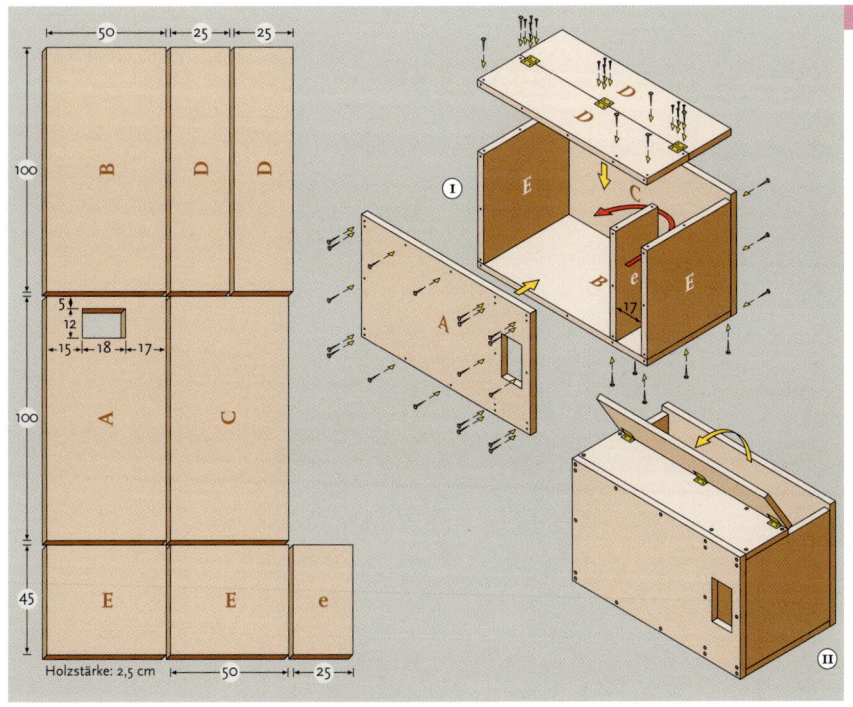

Der Kasten für Schleiereulen und Turmfalken ist schnell gebaut. Etwas aufwändiger ist die Montage des großen Nistkastens, besonders wenn er innerhalb des Gebäudes befestigt wird, so dass von außen nur das Flugloch zu sehen ist. Für Eulenkästen ist eine solche Innenmontage unabdingbar, Falkenkästen können auch außen angebracht werden. Bei ihnen wird Brett e weggelassen.

Schwalben und Mauersegler

Auch wenn sie nicht näher miteinander verwandt sind, verbindet Schwalben und Mauersegler vieles: Sie führen ein luftiges Leben, jagen ausschließlich fliegende Insekten und brüten an Häusern. Hier allerdings sind ihre Ansprüche durchaus verschieden. Rauchschwalben (–> Seite 59) brüten in offenen Näpfen aus Lehm im Inneren von Gebäuden, am liebsten in Ställen. Sie bevorzugen deshalb den ländlichen Raum. Ihnen helfen schon kleine, an der Stallwand befestigte Brettchen als Unterlage für ihre Nester.

Die beiden anderen sind eher Stadtvögel: Mehlschwalben (–> Seite 60) kann man mit Kunstnestern helfen, die nebeneinander unter der Dachtraufe befestigt sind. Darunter verhindern Bretter, dass Gehwege und Passanten beschmutzt werden.

Mauersegler (–> Seite 54) schätzen hohe Gebäude, wo sie frei zugängliche Hohlräume unter dem Dachtrauf anfliegen – Nistplätze, die bei der Sanierung alter Gebäude oft verloren gehen. Eine Reihe von Nistkästen – Mauersegler brüten in lockeren Kolonien – kann die Verluste ausgleichen. Ein Einfamilienhaus im Grünen ist allerdings wenig gefragt. Die Luftakrobaten bevorzugen Stadtwohnungen in größerer Höhe.

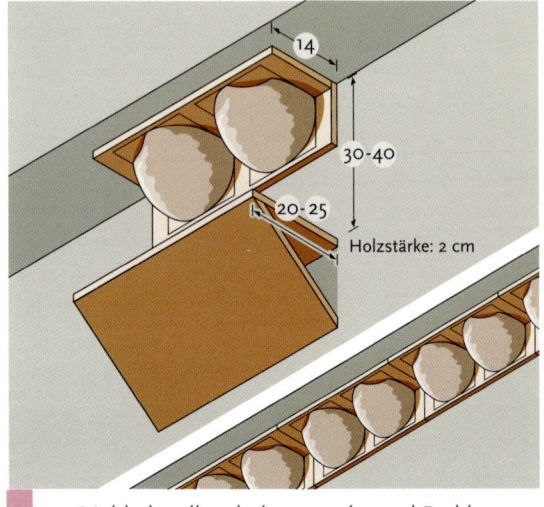

Mehlschwalben haben zunehmend Probleme, an Baumaterial zu kommen, und nehmen gern künstliche Nester an.

„Neubauwohnungen" sollten nahe an besetzten Brutplätzen liegen. Ein paar aus dem Eingang hängende Halme und arteigene Geräusche, per CD (–> Seite 91) eingespielt, locken zusätzlich.

Mauersegler auf dem Nest: Es besteht aus Pflanzenteilen, die sie in der Luft erhascht und mit Speichel verklebt haben.

Freibrüter

Vögel, die ihre Nester im Freien bauen, lassen sich ebenfalls unterstützen, auch sie in erster Linie dadurch, dass wir geschützte Brutmöglichkeiten schaffen. Zwar fehlen im Siedlungsbereich manche Feinde, die um den Menschen gerne einen Bogen machen. Neben dem günstigen Mikroklima und der oft guten Nahrungsgrundlage war das für viele Vogelarten vermutlich einer der Gründe, überhaupt in die Stadt zu ziehen. Trotzdem ist auch das Leben im Garten nicht ohne Risiko. Einige Fressfeinde sind den Kleinvögeln gefolgt: Krähe und Elster, Steinmarder und Fuchs stoßen bis in die Innenstädte vor. Mit der Hauskatze kommt ein neuer Vogeljäger dazu (–> Seite 42). Und schließlich sind auch die Gefahren nicht zu vernachlässigen, die vom Menschen selbst und seiner Technik ausgehen.

Wer sein Nest ganz offen baut, hat kaum eine Chance. Diese bittere Lehre müssen vor allem Amseln ziehen, die ihre Brutplätze zum Teil „sträflich leichtsinnig" wählen. Das mag noch gehen, solange das brütende Amselweibchen stundenlang reglos im Nestnapf sitzt. Spätestens aber wenn die Jungen ein paar Tage alt sind, ist meist Schluss: Zu offensichtlich sitzt die lärmende Brut auf dem Serviertablett. Dass jetzt Fressfeinde wie die Elstern zuschlagen und trauernde Eltern zurücklassen, hat zur Verfemung der Elster geführt. Ganz zu Unrecht, denn die Kleinvogelbestände nehmen durch Elstern keineswegs ab (–> Seite 44). Sie sorgen nur dafür, dass beim Nestbau mehr auf Deckung geachtet wird.

Je besser ein Nest versteckt ist, desto besser sind die Überlebenschancen. Ein ganzes Bündel von Maßnahmen hilft im Bereich der Hecken und Gebüsche, die von Arten wie Mönchsgrasmücke (–> Seite 61), Heckenbraunelle (–> Seite 68), Grünfink (–> Seite 72), Bluthänfling (–> Seite 74) oder Amsel (–> Seite 64) genutzt werden.

MASSNAHMEN FÜR FREI BRÜTENDE VÖGEL

Erstens: Gelegentliche gezielte Rückschnitte (wie in untenstehender Abbildung gezeigt) lassen neue, quirlförmig angeordnete Triebe wachsen. Darin lassen sich Nester fest verankern. Nebenbei sorgt die stärkere Verzweigung auch für bessere Deckung. Weiß-

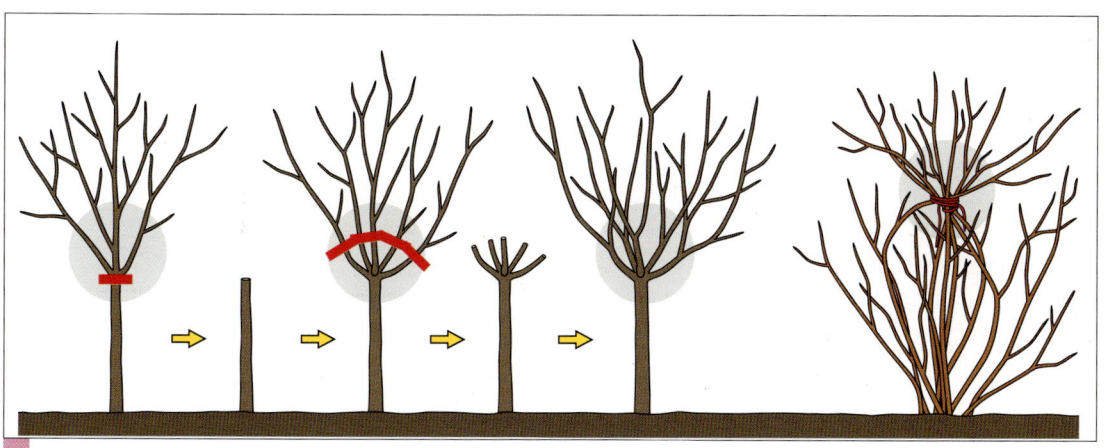

Zwei Möglichkeiten durch Schnitt oder Zusammenbinden, um stabile Nestunterlagen zu schaffen

Eine solche Nisttasche ist nur dort zu empfehlen, wo keine Katzen unterwegs sind.

Beispiel von Grünfinken gerne angenommen werden. Dazu nimmt man dicht benadelte Douglasien- oder Tannenzweige von etwa einem Meter Länge und bindet sie so fest, dass ein geräumiger Hohlraum mit guter Deckung entsteht. Fichtenzweige sind nicht geeignet; sie verlieren ihre Nadeln zu schnell. Alternativ kann man auch mit Maschendraht (40 bis 50 Millimeter Maschenweite) arbeiten, der zur geräumigen Tasche gebogen und mit Kiefernzweigen gepolstert und getarnt wird.

Und schließlich fünftens: Die bereits auf S. 20 angesprochenen „Schmuddelecken" geben auch Bodenbrütern wie dem Rotkehlchen eine Chance. Dichtes Unterholz sorgt für Sichtschutz. Im Schatten eines vor sich hin rottenden, lockeren Reisig- und Asthaufens baut der Zaunkönig sein Kugelnest. Beide lassen sich ebenso wie die Amsel auch im „grünen Mantel" eines Hauses ansiedeln, besonders, wenn er von Efeu gebildet wird (–> Seite 18).

dorn, Hainbuche, Weiden oder Heckenkirschen nehmen den Schnitt im Herbst oder vor dem Austrieb im zeitigen Frühjahr nicht übel.

Zweitens: Je dorniger das Gebüsch, desto besser der Schutz. Weißdorn (–> Seite 82) ist nicht nur als Nektarspender und Beerenlieferant überaus wertvoll, sondern auch als Brutraum. Noch undurchdringlicher und dorniger sind Schlehen.

Drittens: Für Vögel, die schon vor dem Laubaustrieb mit der Brut starten, sind Nadelgehölze ideal. Zwar gilt im Naturgarten eigentlich die Devise, nur einheimische Gewächse zu pflanzen. An dieser Stelle muss man aber ein Auge zudrücken. Thuja hat sich als Brutbaum für Grünfinken durchaus bewährt – wenn er wachsen darf und nicht zur Hecke verstümmelt wird. Heckenbraunellen ziehen junge Fichten vor. Nadeln kombiniert mit Stacheligkeit finden wir beim Wacholder; dort baut der Hänfling gerne sein Nest. Viertens: Mit Nisttaschen (siehe nebenstehende Abbildung) lassen sich Brutnischen schaffen, die zum

Tief in das Nest gekuschelt bebrütet eine Mönchsgrasmücke ihr Gelege.

Praxis Vogelfütterung

Fütterung – zeitgemäßer Naturschutz?

Ein typisches Bild: Grünfinken treten an Futterstellen meist im Trupp auf und gelten als ausgesprochen zänkisch. Scheuere Vogelarten kommen oft erst zum Zug, wenn die Finken satt sind.

Ist Vogelfütterung notwendig oder unnötig? Schadet sie gar, weil sie der natürlichen Auslese ins Handwerk pfuscht? Liegt ihr Wert allenfalls im Pädagogischen und dürfen wir uns dem großen Vergnügen, Vögel am Futterhaus zu beobachten, nur mit schlechtem Gewissen hingeben?

DIE ENTWICKLUNG

Drei Zitate aus hundert Jahren Vogelschutz spiegeln die ganze Bandbreite der teils erbittert geführten Diskussion um Sinn und Unsinn der Vogelfütterung wider:

„Zum sicheren Erfolge des Vogelschutzes ... bedürfen wir außer der Schaffung von Nistgelegenheiten ... auch einer Winterfütterung. Eine solche ist ... zwar nur selten erforderlich, wird aber unbedingt dann nötig, wenn durch starken Schneefall, besonders aber durch Rauhreif und Glatteis der Boden plötzlich verdeckt und alle Ritzen und Fugen der Baumrinde, die Hauptvorratskammern unserer Schützlinge, versperrt werden. ... Andererseits empfiehlt es sich nicht, die

Vögel ... schon bei mildem Winter satt zu füttern, weil dieselben dadurch abgehalten werden, der ihnen von der Natur gestellten Aufgabe – Säuberung der Bäume von Insekten – gerecht zu werden." (v. Berlepsch, Der gesamte Vogelschutz, 9. Auflage, 1904)

„Dass die meisten Vogelarten ... in der Lage sind, sich ohne menschliche Hilfe zu ernähren, wenn wir von extremen Wetterverhältnissen ... absehen, dürfte heute allgemein bekannt sein. Das bedeutet, dass die Winterfütterung unserer heimischen Vögel im Normalfall biologisch weder notwendig noch sinnvoll ist." (Pfeifer, Taschenbuch für Vogelschutz, 4. Auflage, 1973)

„Angemessene Zufütterung – im Winter oder besser noch ganzjährig – leistet heutzutage einen wesentlichen Beitrag zum Vogelschutz, insbesondere zum Erhalt und z.T. sogar Wiederaufbau der Artenvielfalt unserer Vogelwelt. ... Daher ist die Zufütterung frei lebender Vögel eine ... moralische Verpflichtung." (Berthold & Mohr, Vögel füttern – aber richtig, 2008)

VOGEL FÜTTERN HEUTE

Was ist nun richtig? Tatsache ist, dass sich die Lebensbedingungen für die heimischen Vögel in den letzten 100 Jahren fundamental geändert haben (–> Seite 10). Deshalb muss auch immer wieder neu über das Thema „Vogelfütterung" diskutiert werden. Es gibt einige Gründe, die bisherige Skepsis gegenüber der Fütterung zu überdenken. Zweierlei spielt dabei eine wichtige Rolle: Die Probleme vieler Samenfresser, sich in einer weitgehend ausgeräumten (Agrar-) Landschaft hinreichend zu versorgen, und die offensichtlichen Erfolge, die langfristig betriebene, großflächige und vielfältige Fütterung beispielsweise in England für die Vogelwelt hat.

Über die von Biologen geführte Diskussion hinaus gibt es ein weiteres gewichtiges Argument: Nirgends lassen sich Vögel so einfach und hautnah beobachten wie am Futterhaus. Neben „Allerweltsarten" wie Kohlmeisen oder Grünfinken kommen an gut positionierte und sortierte Futterstellen auch Arten, die man gewöhnlich nur selten zu Gesicht bekommt: Dazu gehören der imposante, meist ziemlich misstrauische Kernbeißer, der sonst hoch oben in den Baumkronen unterwegs ist, die zierlichen Schwanzmeisen, immer in Bewegung, oder Haubenmeisen, die sonst strikt an Nadelwald gebunden sind. Und viele, viele andere ...

Futterhäuser bieten nicht nur wunderbare Möglichkeiten, Vögel kennenzulernen, sondern auch ihr Verhalten zu studieren. Wer kommt alleine, wer im Trupp? Wer „gewinnt", wenn es zum Streit kommt? Wer frisst was? Welche Strategien gibt es, einen Sonnenblumenkern zu öffnen? Eigentlich ist es unmöglich, eine Futterstelle zu beobachten und *nicht* fasziniert zu sein. Das Futterhaus im Garten – für viele Kinder und Jugendliche Ausgangspunkt für ein späteres umfassendes Engagement für Vögel im Speziellen und Naturschutz im Allgemeinen.

EXPERTEN-TIPP

Wenn Sie sich für die (Winter-) Fütterung von Vögeln entscheiden: Streuen Sie nicht einfach Krumen in den Schnee. Qualität und Vielfalt des Futters und einwandfreie Hygiene am Futterplatz sind von entscheidender Bedeutung.

35

Der feine Schnabel verrät, dass Schwanzmeisen keine Körnerfresser sind. Mit Sonnenblumenkernen, dem klassischen Vogelfutter, können sie nichts anfangen. Fettfutter mit vielen weichen Zutaten nutzen sie dagegen gerne. Die winzigen und durch ihren langen Schwanz ebenso wie durch ihre hohen Rufe auffallenden Vögel sind fast immer im Trupp unterwegs.

Vogelfutter – wer frisst was?

Nicht alle Vogelarten mögen das gleiche. Schon die Verschiedenheit ihrer Schnäbel zeigt: Hier gibt es ausgeprägte Vorlieben. Ein feiner Insektenfresser-Schnabel wie der des Rotkehlchens (–> Seite 66) erschließt andere Nahrung als der klobige Körnerfresser-Schnabel des Kernbeißers (–> Seite 71). Deshalb ist es mit einem Standardfutter aus Sonnenblumenkernen nicht getan. Ein gutes Angebot muss verschiedene Komponenten enthalten. Küchenabfälle, Brotkrümel und ähnliches gehören nicht dazu, sondern auf den Kompost.

Vorsicht auch mit fertig gekauftem Mischfutter – es könnte Samen der Beifuß-Ambrosie enthalten. Die Pollen der aus Nordamerika stammenden und sich bei uns schnell ausbreitenden Pflanze können schwere Allergien auslösen. Allerdings bleibt im Frühjahr noch genügend Zeit, die Pflanze auszuraufen, bevor sie im Spätsommer blüht. Zudem säubern alle Vogelfutterhersteller inzwischen ihre Rohstoffe.

ZUTATEN FÜR VOGELFUTTER

Sonnenblumenkerne: Energiereiches und von vielen Vogelarten (Finken, Meisen, Sperlinge) sehr geschätztes Futter. Eiweißgehalt 20 bis 40 Prozent, Ölgehalt 40 bis 65 Prozent. Schwarze Samen sind weniger hart und enthalten mehr Öl aus gestreifte. Auch bereits geschälte Kerne sind im Handel. Es macht aber mehr Spaß, den Vögeln beim Knacken oder Aufmeißeln der Samen zuzusehen. Sonnenblumenkerne sind bis heute das klassische Vogelfutter. Typische Körnerfresser wie Grünfinken entspelzen die Früchte geschickt mit dem Schnabel. Meisen halten sie zwischen den Füßen und bearbeiten sie mit kräftigen Schnabelhieben.

Hanf: Finken, Meisen und Kleiber mögen die kleinen Früchte, die einen Fettgehalt von 30 bis 35 Prozent haben. Sie stammen vom Faserhanf, der kaum zur

*Sonnen-
blumenkerne*

Hanf

Hirse

Nigersaat

Erdnüsse

Haferflocken

Apfelstücke

Rindertalg

Gewinnung von Rauschmitteln taugt. Trotzdem: Sollten im Frühjahr zu viele Hanfsamen keimen, reißen Sie sie rechtzeitig aus, bevor Sie des illegalen Anbaus von Cannabis verdächtigt werden.

Hirse: Unter dieser Bezeichnung verbergen sich mehrere Getreidearten der Tropen und Subtropen. Die Samen enthalten überwiegend Kohlenhydrate (60 bis 75 Prozent) und Proteine (bis zu 18 Prozent), aber wenig Fett. Hirsekolben können auch einzeln aufgehängt werden.

Nigersaat, Gingellikraut, Ramtill: Die sehr feinen Früchte dieses aus Afrika stammenden Korbblütlers haben einen Fettgehalt von 40 Prozent. Sie werden sehr gerne von Stieglitzen und Zeisigen gefressen.

Erdnüsse: Wer mit wenig Aufwand schnell satt werden will, holt sich eine Erdnuss: 25 bis 35 Prozent Proteine, 40 bis 50 Prozent Fett und bis zu 20 Prozent Kohlenhydratgehalt stehen darüber hinaus für einen gesunden Mix an Nährstoffen.

Haferflocken: Mit Speiseöl getränkte Haferflocken sind ein beliebtes Weichfutter für Arten wie Heckenbraunelle oder Rotkehlchen.

Apfelstücke: Vor allem Drosseln picken gerne an am Boden liegenden Apfelschnitzen. Ganze Äpfel sind weniger geeignet.

Fett: Fett spielt als allen Vögeln unabhängig von der Schnabelform gleichermaßen zugänglicher Energielieferant eine wichtige Rolle. Rindertalg ist optimal, Schweineschmalz zu weich. Fett kann als nahrhaftes „Bindemittel" für Samenmischungen in Futterglocken gegossen (–> Seite 40), in trockene Fichten- oder Kiefernzapfen gestrichen oder auf Zweige und Borke aufgetragen werden.

Futterhäuschen

Eine kleine Futterstelle mit Meisenknödeln (Fett und Samen), direkt am Stamm angebracht, freut den Buntspecht.

Wer genügend Platz im Garten hat, hat viele Möglichkeiten. Dazu gehört ein stabil aufgestellter oder aufgehängter Futterautomat für Körnerfresser, an Ästen oder Zweigen befestigte Erdnussspender, Meisenknödel oder selbst gemachte Futterglocken (–> Seite 40) und ein mit einem kleinen Dach versehener Futterplatz am Boden.

andere Vögel im Getümmel oft wenig Chancen, in Ruhe an ihre Körner zu kommen. Meisen, Kleiber und Zeisige turnen geschickt an Futterglocken, mit denen die Haussperlinge wieder so ihre Schwierigkeiten haben. Buchfinken, Amseln, Goldammern, Heckenbraunellen und Rotkehlchen bleiben lieber unten und schätzen Futterstellen am Boden.

WAS TUN?

Am besten nicht nur auf eine Karte setzen. Der Handel bietet eine Vielfalt von Konstruktionen an, die für verschiedene Füllungen und Besucher entwickelt wurden. Ein vielfältiges Angebot mindert die Konkurrenz. Wird ein Futtersilo nämlich von einem Trupp Grünfinken in Beschlag genommen, haben

EXPERTEN-TIPP

Viele kleine und unterschiedlich bestückte Stationen sind besser als eine zentrale Futterstelle. Damit sind auch „schüchterne" Arten wie Buchfinken oder solche mit speziellen Nahrungs-Vorlieben gut bedient.

SAUBER MUSS ES SEIN

In allen Fällen sollte das angebotene Futter sowohl vor Feuchtigkeit als auch vor Verschmutzung durch die Vögel selbst geschützt werden. Das klassische offene Vogelbrett ist deshalb schon lange durch verschiedene Futterspender oder -automaten abgelöst worden, bei denen aus dem Vorrat immer nur soviel Körner nachrutschen, wie gebraucht werden. Trotzdem ist eine wöchentliche Grundreinigung mit heißem Wasser auch hier sinnvoll, um Krankheitserregern keine Chance zu geben.

FÜTTERN AM BODEN

Bodenfutterstellen werden mit einem kleinen Napf bestückt, der täglich gereinigt wird; gelegentlich kann auch der ganze Futterplatz an eine andere Stelle umgesetzt werden. Auch für Vogelarten, die sich lieber am Boden aufhalten, lassen sich Futtersilos konstruieren, die das Futter nur in dem Maß freigeben, wie es gebraucht wird.

DER RICHTIGE STANDORT

Neben der Hygiene ist die Standortwahl wichtig: Schließlich geht es nicht darum, die vom Vogeltreiben magisch angezogenen Katzen zu füttern. Also: möglichst freies Blick- und Fluchtfeld in unmittelbarer Umgebung der Futterstation. Und dort, wo viele Hauskatzen unterwegs sind, auf die Bodenfutterstelle lieber ganz verzichten.

Klassisches Futterhaus: romantisch, aber unhygienisch

An Futtersilos hingegen geht es sauber zu.

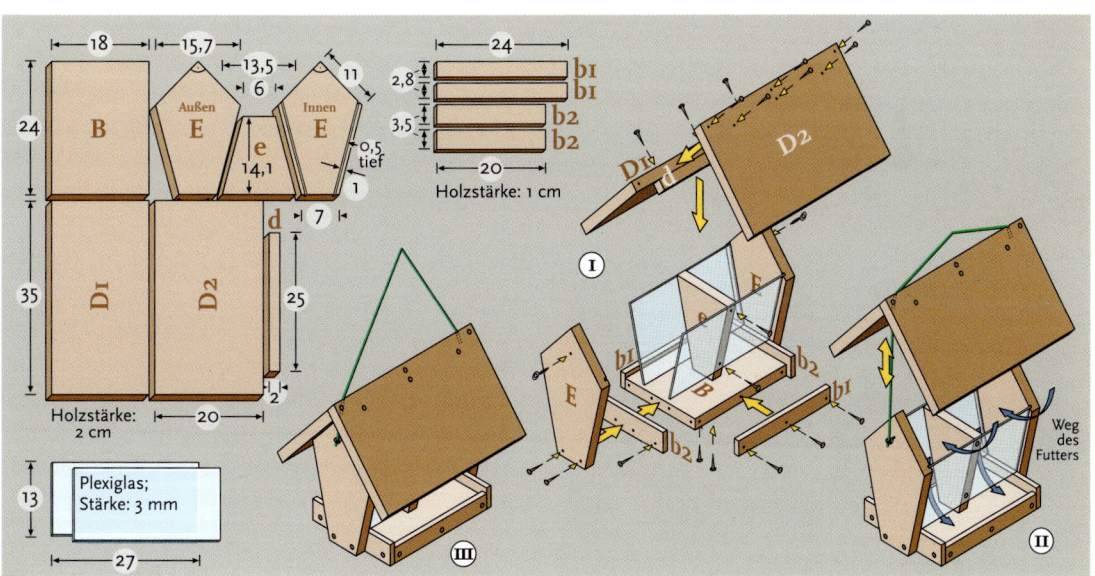

Futtersilos wie dieser ersetzen die offenen Futterhäuschen in ihrer Funktion als zentrale Futterstelle im Garten. Sie zu bauen ist allerdings nicht ganz einfach.

Futterglocken selber machen

Auch wenn ein einzelner Vogel im Spatzenformat am Tag nur etwa acht Gramm Sämereien zu sich nimmt, hat eine gut frequentierte Futterstelle doch einen erheblichen Umsatz. 100 Vögel, und so viele kommen im Lauf des Tages leicht an einen größeren Futterplatz, vervespern in einer Woche über fünf Kilo Futter!

Durch gärtnerischen Eigenanbau etwa von Sonnenblumen lässt sich so viel nicht gewinnen, zumal die großen Blütenstände meist schon leergepickt sind, wenn man sie ernten will. Sammeln in freier Wildbahn, etwa von Vogelbeeren, verbietet sich, will man nicht selbst zur Konkurrenz für Vögel werden. Schließlich ist die immer schlechtere Nahrungsbasis in der freien Natur das wichtigste für die regelmäßige Vogelfütterung ins Feld geführte Argument. Also wird man den Bedarf überwiegend im Fachhandel decken; dabei sollte man – wie bei Nahrungsmitteln für den eigenen Tisch – auf Qualität achten.

Fettfuttermischungen lassen sich mit den richtigen Zutaten dagegen selber machen. Tränkt man Haferflocken mit Speiseöl, hat man bereits die von Weichfutterfressern wie dem Rotkehlchen geschätzten Fettflocken. Etwas langwieriger ist die Herstellung eines Ersatzes für die beliebten Meisenknödel.

Blaumeise an selbst befüllter Kokosnuss

REZEPT FÜR DAS BEWÄHRTE „LUDWIGSBURGER FETTFUTTER"

1 kg Rindertalg oder Palmin (Schweinefett ist zu weich) wird geschmolzen (aber nicht gekocht), dann 1 kg Kleie eingerührt, anschließend wird die Masse mit Löffel oder Spachtel in einen Blumentopf oder eine halbe Kokosnussschale gefüllt, die vorher mit einem Holzstab oder Ast (an dem die Vögel sich festhalten können) und einer Aufhängung versehen wurden. Ein Schuss Speiseöl verhindert, dass das Fett bei starkem Frost zu hart wird.

Dieses Grundrezept lässt sich vielfach abwandeln, indem man zum Beispiel Haferflocken, gehackte Nüsse und/oder eine Körnermischung zufügt. Erhöht man den Fettanteil, lassen sich auch massive Barren gießen, die direkt in die Bäume gehängt werden können. Am Stamm platziert, sind sie vor allem für Spechte attraktiv. Trockene Fichten- oder Kiefernzapfen können mit der Fettmischung getränkt oder bestrichen werden. Frisch gesammelte Zapfen müssen erst getrocknet werden, damit sie sich öffnen.

Mit wenig Aufwand lässt sich aus Talg, Haferflocken und Körnern Fettfutter herstellen.

Gefahren für Vögel

Hauskatzen – ein Problem?

Seit mehreren tausend Jahren begleiten Katzen uns Menschen. Trotzdem sind sie Raubtiere geblieben, die sich, ihren Instinkten gehorchend, anschleichen, lauern, jagen und Beute machen.

42

Katzen gerieten schon früh in das Visier der Vogelschützer. Im lange Zeit prägenden Standardwerk „Der gesamte Vogelschutz", das nach seinem ersten Erscheinen im Jahr 1899 zahlreiche Auflagen erlebte, lesen wir: „Den fühlbarsten Schaden fügen uns die Katzen zu, indem sie hauptsächlich die Vögel und Bruten in unserer Umgebung vernichten. Energische Mittel gegen die Katzenplage sind deshalb mit als ein Hauptfaktor in der Vogelschutzfrage zu betrachten". Und weiter: „Ein niedliches kleines Kätzchen genügt schon, um mehrere Quadratkilometer von jeglichem Vogel zu säubern." Die Konsequenzen: „Deshalb gegen alle außerhalb der Gebäude herumlungernden Katzen der schonungsloseste Vernichtungskrieg!" Eine drastische Aussage, der gleich die praktischen Handreichungen zur Umsetzung folgen …
Auch heute wird die Diskussion teilweise noch mit ähnlich militanten Untertönen geführt. Wie sehen die Fakten aus?

AUS BIOLOGISCHER SICHT

In natürlichen Ökosystemen sind Räuber-Beute-Systeme gut austariert. Anders als meist angenommen, kontrolliert nicht der Räuber die Beute. Eher ist es andersrum: Die Menge verfügbarer Beute bestimmt die Zahl der Räuber. Gibt es viele Feldmäuse, können Schleiereulen sieben Junge aufziehen; fehlen sie, fällt die Brut dagegen komplett aus.

Dass Katzen gewöhnlich zuhause gut mit Nahrung versorgt werden, setzt diesen natürlichen Mechanismus außer Kraft. Werden Kleinsäuger, Vögel und Eidechsen im Revier durch intensive Bejagung seltener, hat das keinerlei dämpfenden Einfluss auf den Katzenbestand. Die Katze geht nach Hause, setzt sich an den Futternapf und frisst sich satt.

Biologisch allerdings bleibt die Katze das Raubtier, das sie immer war. Auch wenn eine gute Versorgungslage die Jagd eigentlich unnötig macht: Die Instinkte funktionieren. Wobei nicht jede der schätzungsweise etwa acht Millionen deutschen Hauskatzen gleiche Qualitäten an den Tag legt (und gleiche Freiheiten genießt). Während vor mancher kein Vogelnest, keine Blindschleiche und keine Libelle sicher ist, sind andere echte Stubentiger, die sich draußen recht ungeschickt anstellen.

BEUTESPEKTRUM VON HAUSKATZEN

Jenseits der Erfahrungen, die jeder Gartenbesitzer macht, wenn Nester ausgeräumt werden oder sich Vögel stundenlang nicht ans Nest trauen, weil dort die Katze lauert: Was sagt die Wissenschaft?

In einer Studie, an der nahezu 1000 Katzen aus gut 600 über ganz Großbritannien verteilten Haushalten für ein halbes Jahr „teilnahmen", wurden 14 370 Beutetiere gezählt, ein Viertel davon Vögel. Den Katzen fielen 44 Vogelarten zum Opfer, angeführt von Haussperling (961), Blaumeise (344), Amsel (316), Star (228) und Rotkehlchen (142). Hochgerechnet auf ganz Großbritannien und neun Millionen Katzen macht das 27 Millionen Vögel im halben Jahr. Eine beeindruckende Zahl – aber wirkt sich dieser Verlust nachhaltig auf die Vogelpopulationen aus? Genau auf diese Frage kommt es an. Und genau dies ist leider noch nicht hinreichend untersucht.

Die vorsichtigen Haussperlinge gehören dennoch zu den häufigsten Opfern von Hauskatzen.

Eichhörnchen sind, trotz gelegentlicher „Übergriffe", in Gärten kein Problem.

WAS TUN?

Vogelfreunde und Katzenhalter sollten sich nicht als „natürliche Feinde" betrachten, sondern an einem Strang ziehen. Was kann man tun? Katzen, die Glöckchen oder Piepser tragen und nachts zuhause bleiben, machen viel weniger Beute – das ergab die englische Studie. Mit Bewegungsmeldern gekoppelte Ultraschallsender können Katzen zu Umwegen veranlassen und recht effektiv von den beschallten Gärten fernhalten. Wie viele Säugetiere reagieren Katzen empfindlich auf die für uns Menschen unhörbar hohen Töne. Allerdings ist nicht gut untersucht, ob auch andere Tiere wie Igel oder Siebenschläfer darunter leiden. Bei Nistkästen, Badestellen und Futterhäuschen sollte darauf geachtet werden, dass Katzen sich nicht leicht anschleichen können. Frei nistende Vögel sind in dichtem Gestrüpp von Weißdorn, Schlehe oder Wacholder gut geschützt. Isoliert stehende Bäume lassen sich am Stamm mit einem unüberwindlichen „Stachelkragen" versehen. Und schließlich: Sterilisierte Katzen sind weniger unternehmungslustig.

Elster, Krähe, Häher

Elstern nicht willkommen? Die schwarzweißen Rabenvögel mit dem wunderbaren blau-grünen Schimmer werden von vielen Singvogelfreunden mit Misstrauen beobachtet.

Früher war es der Sperber, der als Singvogelfeind gebrandmarkt, für vogelfrei erklärt und erbarmungslos verfolgt wurde. Inzwischen sind die Greifvögel rehabilitiert. Die neuen „Problemvögel" finden sich in der Rabenverwandtschaft, vertreten in erster Linie durch Krähen und Elstern, in waldnahen Gebieten ergänzt durch den Eichelhäher. Auch Buntspechte klopfen manche Vogelbrut aus dem Nistkasten.

RABENVÖGEL – KEIN PROBLEM

Rabenvögel sind intelligente Nahrungsopportunisten, auf deren Speiseplan auch Eier und Jungvögel anderer Arten stehen, allerdings unter „ferner liefen" und nicht als Hauptbestandteil. Auch wenn es im Einzelfall schmerzlich ist zu beobachten, wie hilflose Vogeleltern der Plünderung ihres Nestes zusehen müssen: Die Wissenschaft spricht die Elster frei. Mehrere Langzeituntersuchungen in gartenreichen Vorstädten haben ergeben, dass die Singvogelbestände keineswegs sinken, wenn Elstern häufiger werden. Diese finden in erster Linie offen angelegte Erstbruten der Amsel, um deren Häufigkeit wir uns gewiss keine Sorgen machen müssen. Meist lernen die Amseln daraus: Gut versteckte Nester sind weniger gefährdet. Und jede Amsel hat mehrere Chancen im Jahr. Würde jedes Paar im Jahr vier Bruten mit je fünf Jungen großziehen – wir hätten bald ein Amselproblem!

Von der Rabenvogel-Diskussion profitiert haben die Eichhörnchen; sie sind dadurch (im wahrsten Sinne des Wortes) etwas aus der Schusslinie gekommen. Auch sie nehmen gelegentlich Singvogelnester aus; Einfluss dürfte das aber allenfalls in einigen Stadtparks mit einer durch reichliche Fütterung künstlich hochgepäppelten Eichhörnchen-Dichte haben.

EXPERTEN-TIPP

Dichte Hausbegrünungen und ein Garten mit Unterholz und dornigem Buschwerk helfen den Brutvögeln, ihre Nester vor dem Zugriff zu schützen. Bei Starenkästen sollten wir auf die klassischen Sitzstangen verzichten. Zwar sitzen Stare tatsächlich gerne direkt vor ihrer Wohnungstür, Elstern aber auch. Und das große Flugloch der Starenkästen erleichtert den Zugriff auf die Brut.

Vogelfalle Fenster

Fenster sind gefährlich, weil Vögel sie erst wahrnehmen, wenn es zu spät ist. Prallen sie mit Schwung gegen die Scheiben, endet das meist tödlich: Sie brechen sich gewöhnlich das Genick. Haben sie Glück, bleiben sie benommen sitzen. In diesem Fall sollten wir sie außer Reichweite von Katzen in einen Karton setzen, bis sie sich erholt haben.

Die Schätzungen, wie viele Vögel jedes Jahr durch solche Unfälle jäh aus dem vollen Leben gerissen werden, schwanken. Ein Vogel pro Jahr und pro Haus, wird in der Schweiz geschätzt, wo etwa 1,3 Millionen Gebäude stehen.

UNFALLORT WINTERGARTEN

Während alte Häuser kleine, mit Sprossen gegliederte Fenster haben, werden viele Neubauten durch großflächiges Glas geprägt. Das macht sie viel gefährlicher. Unfallschwerpunkte sind Wintergärten, durch die man wieder ins Grüne sieht.
Entschärfen lassen sich Glasflächen nur, wenn man sie sichtbar macht. „Nicht putzen" ist eine einfache Lösung, die aber andere Nachteile hat ...

Die weitverbreiteten aufgeklebten Silhouetten nutzen nicht viel. Die Vögel erkennen sie nicht als das, was sie sein sollen – nämlich abschreckende Greifvögel, um die es einen großen Bogen zu machen gilt. Stattdessen peilen sie einfach knapp an dem vermeintlichen Hindernis vorbei, um dann mit dem echten zusammenzustoßen. Viele Gartenvögel stammen ursprünglich aus dem Wald und alle Waldvögel sind es gewohnt, sich im dichten Gestrüpp zu bewegen und durch kleinste Lücken zu fliegen. Deshalb gehören auch größere Vögel wie Spechte und Sperber zu den Opfern der Scheiben.

Hilft also nur, den Durchblick soweit einzuschränken, dass die Unfallgefahr schwindet? Das trübt aber leider auch den Genuss, im Wintergarten fast wie im Freien zu sitzen.

UV-STIFTE

Nun allerdings zeichnet sich eine raffinierte Lösung dieses Dilemmas ab: UV-aktive Stifte (oder einfache Sonnencreme), mit denen man die Scheibe nach dem Putzen zeichnet. Vögel können im UV-Bereich sehen, wir nicht: Das Glas wird für Vögel sichtbar und bleibt für Menschen fast durchsichtig. Mehr Informationen finden Sie auf den Internetseiten www.birdpen.de und www.spinnennetz-effekt.de.

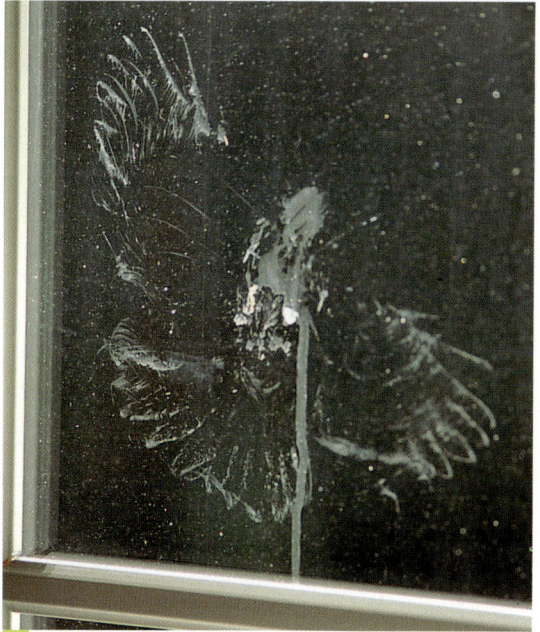

Ende eines Fluges: Aufprallspur eines Vogels an einer Fensterscheibe

Findelkinder

Vogelnester sind keine sicheren Orte. Der Lärm, den die Jungvögel vor allem bei der Fütterung veranstalten, kann leicht Feinde aufmerksam machen. Ist das Nest erst mal entdeckt, gibt es oft keine Rettung mehr. Deshalb verlassen viele Jungvögel das Nest bereits vor dem Flüggewerden und verteilen sich im umgebenden Geäst, wo sie sich nur bemerkbar machen, wenn Eltern in der Nähe sind und Futter gefragt ist. Die meisten „verlassenen" Jungvögel sind solche kleinen „Nestflüchter". Beobachtet man sie längere Zeit statt sie gleich einzusammeln, wird man meist Zeuge einer Fütterung. Die Devise heißt hier also: unbedingt sitzen lassen.

HILFLOSE VOGELJUNGE

Gelegentlich findet man allerdings auch noch weitgehend unbefiederte Vogelbabys. Hier sieht die Sache anders aus: Sie sind tatsächlich hilflos. Dass man sie nicht mehr ins Nest zurücksetzen dürfe, weil die El-

Warten auf die Futter bringenden Eltern: Die kleinen Blaumeisen sind eben erst ausgeflogen.

tern von fremden Gerüchen abgeschreckt würden, ist ein Gerücht. Trotzdem ist das meist nicht sinnvoll. Oft werfen die Altvögel nämlich kranke Junge absichtlich über Bord; damit wird die Ansteckung der Geschwister verhindert.

Verletzte oder verlassene Vögel zu pflegen und aufzuziehen, ist nicht einfach. Wenden Sie sich in diesem Fall an eine örtliche Tierschutzorganisation.

VOGELGRIPPE

Kann man hilflos aufgefundene Vögel in die Hand nehmen, ohne sich zu gefährden? Vogelgrippe ist vor allem eine Gefahr für Vögel. Dass sie auch für uns nicht ganz harmlos ist, zeigen einige Fälle der letzten Jahre, bei denen Krankheitserreger von Vögeln auf Menschen übertragen wurden. Eine Infektion über Wildvögel wurde bisher allerdings ebenso wenig nachgewiesen wie eine Ansteckung von Mensch zu Mensch – letzteres wäre die Voraussetzung für eine Entwicklung vom Einzelfall zur möglichen Katastrophe.

Die wahren Gefahren lauern im Reich des Hausgeflügels. Unter den Wildvögeln wird das berüchtigte $H5N1$-Virus gelegentlich vor allem in Wasservögeln gefunden. Für den Garten gibt das zuständige Bundesforschungsinstitut für Tiergesundheit Entwarnung: „Von Singvogelarten geht in Deutschland aufgrund derzeitiger Informationen kein besonderes Risiko einer Übertragung der Vogelgrippe aus."

Ein wenige Tage altes Singvogelküken überlebt ohne Wärme und Futter nur wenige Stunden.

Gartenvögel im Porträt

Was sind „Gartenvögel"?

Bergfinken gehören zum winterlichen Garten. Allerdings kann man nicht immer mit ihnen rechnen. In manchen Jahren wimmelt es in Hecken und an Futterstellen von den bunten Finken, in anderen machen sie sich rar.

Vögel sind höchst mobil. Deshalb kann es auch im Garten zu unerwarteten Begegnungen mit seltenen Arten kommen. Besonders in den Zugzeiten im Frühjahr und Herbst landen Vögel zur Rast immer wieder an unkonventionellen Orten.

Welche Arten sind dagegen gartentypisch? Das zeigt die seit 2005 alljährlich im Frühjahr vom Naturschutzbund Deutschland (NABU) durchgeführte Aktion „Die Stunde der Gartenvögel". Im Jahr 2008 wurden aus mehr als 26 000 Gärten insgesamt fast eine Million Vögel gemeldet. Dabei zeigt sich eine erstaunliche Vielfalt, selbst wenn man in Rechnung stellt, dass Beobachtungen zur Brutzeit natürlich noch keine Brutnachweise sind und mancher Vogel den Garten nur überflogen hat. Spatzen, Amseln und Kohlmeisen führen zwar wie erwartet die Liste an, sind aber weit weniger dominant als oft „gefühlt". Artenvielfalt ist demnach ein wesentliches Merkmal der Gartenwelt.

VÖGEL IM WINTER

Ganz anders sähe eine solche Volkszählung im Winter aus. Zwar gehören manche Arten wie Haussperling, Kohlmeise oder Rotkehlchen zum eisernen Bestand; sie sind Standvögel oder werden wie das Rotkehlchen für den Beobachter unmerklich durch Zuzügler aus dem Norden ersetzt. Zahlreiche Arten verlassen Mitteleuropa in der kalten Jahreszeit aber ganz und überwintern im Süden: Schwalben und Mauersegler, Grauschnäpper, Gartenrotschwanz und Grasmücken zum Beispiel. Trotzdem wird das Vogelleben im Garten nicht ärmer. Den Sommervögeln stehen Wintergäste gegenüber. Vermehrt erscheinen dann Vögel der freien Landschaft oder Wälder im Garten: Kleiber

> ### EXPERTEN-TIPP
>
> An der „Stunde der Gartenvögel" beteiligen sich von Jahr zu Jahr mehr Vogelbeobachter. Mitmachen kostet wenig Zeit, macht Spaß und zeigt nebenbei, wo man mit dem eigenen Garten steht. Jede einzelne Beobachtung geht in die Ergebnisse ein, die gut aufbereitet im Internet abrufbar sind (www.nabu.de).

und verschiedene Meisenarten, Zeisige, Kernbeißer und Buntspecht werden von Nahrungspflanzen oder Futterplätzen magisch angezogen. Hinzu kommen Zugvögel aus dem hohen Norden wie Rotdrossel oder Bergfink, in manchen Jahren auch der Seidenschwanz. Das macht Vogelbeobachtung im Garten ganzjährig zu einem interessanten Vergnügen.

Zwischen Sibirien und Südafrika: ein Hausgarten in Mitteleuropa

So klein ein Hausgarten ist: Seine „Beziehungen" sind interkontinental. Zwei Beispiele, die für viele andere stehen, sind Grauschnäpper und Bergfink.

Frühestens Ende April, meist erst im Mai eintreffend, gehört der unauffällig gefärbte Graue Fliegenschnäpper (–> Seite 66) zu den Spätankömmlingen. Das ist kein Wunder, denn sein Weg war weit. 10 000 Kilometer Flugstrecke liegen hinter ihm. Die meisten Grauschnäpper überwintern im südlichen Afrika bis hinunter zum Kap der Guten Hoffnung! Mit Farbringen markierte Vögel zeigen überdies die große Brutorttreue dieser Art. Es kann also durchaus sein,

dass „Ihr" Grauschnäpper tatsächlich derselbe ist, der schon letztes Jahr hier gebrütet hat. Oder eines seiner Kinder, denn auch die zieht es zurück in die Nähe ihres Geburtsorts. Erfolgreicher Vogelschutz im Garten wirkt sich also unmittelbar aus!

Während die Grauschnäpper im September schon wieder gen Afrika unterwegs sind, ist der Bergfink (–> Seite 70) ein typischer Wintergast. Auf sein Erscheinen kann man sich allerdings weit weniger verlassen als auf das des Grauschnäppers, nach dem man fast den Kalender stellen kann. Ob und in welcher Kopfstärke der Bergfink sein Brutgebiet in der skandinavischen und sibirischen Taiga verlässt, hängt stark von der Verfügbarkeit von Nahrung ab. Fruchten im Norden reichlich Vogelbeeren, versuchen viele Finken, dort zu überwintern. Im Garten erscheinen dann nur wenige Bergfinken. Ganz anders, wenn eine „Buchenvollmast" – das gleichzeitige reichliche Fruchten ganzer Buchenwälder – in Mitteleuropa ansteht. Dann wimmelt es hier von Millionen von Bergfinken, die auch am Futterhaus zur häufigsten Art werden können.

EXPERTEN-TIPP

Wer Buch führt über Erstbeobachtungen und Ankunftszeiten der Vögel im Garten, weiß schon nach wenigen Jahren, welche Zugvogelarten „nach der Uhr leben" wie der Grauschnäpper oder eher spontan reagieren wie die Bergfinken.

Auf den Grauschnäpper kann man sich verlassen. Sein Zugverhalten ist fest programmiert.

Ähnlich unberechenbar wie der Bergfink: Der Seidenschwanz ist einer der schönsten Wintervögel.

Vögel beobachten

Zwei Grünfinken-männchen streiten um einen Sonnenblumen-kern: Im Garten lassen sich Vögel wunderbar beobachten. Ein gutes Fernglas und ein offenes Ohr erleichtern die Bestimmung. Mit umfassenden Bestimmungsbüchern lässt sich nicht nur die Art, sondern meist auch das Geschlecht, oft auch das Alter und manchmal selbst die geografische Herkunft herausfinden.

Eigentlich ist keine technische Ausrüstung nötig, um Vögel im Garten zu sehen. Viele zeigen wenig Scheu und lassen sich leicht aus geringer Entfernung beobachten. Die meisten Gartenvögel können Sie mithilfe der Artporträts auf den nächsten Seiten sicher identifizieren.

DAS RICHTIGE FERNGLAS

Warum trotzdem ein Fernglas? Der „Lupenblick" durchs Glas enthüllt jedes Federchen, jedes noch so kleine Detail. Da werden selbst Alltagsvögel wie Amsel oder Spatz zum „Hingucker". Damit ist ein wichtiges Kriterium für ein gutes Fernglas genannt: Es sollte auch ein gutes Nahglas sein, das heißt, schon bei Distanzen von zwei oder drei Metern scharf zu stellen sein. Auf die Vergrößerung – üblich sind sieben- bis zehnfach – oder die Dämmerungsstärke, die mit dem Durchmesser der Linsen steigt, kommt es im Garten weniger an. Prüfen Sie vor dem Kauf aber unbedingt, ob sie längere Zeit entspannt beobachten

können. Ein schneller Blick genügt nicht. Unsere Augen können schlechte Optik kurzzeitig korrigieren, ermüden dann aber rasch.

VOGELSTIMMEN KENNENLERNEN

Ebenso wichtig wie das Auge ist das Ohr. Oft sind es Gesang oder Rufe, die einen Vogel schon lange verraten, bevor wir ihn zu Gesicht bekommen. In den Artporträts auf den nächsten Seiten geben wir Hinweise auf typische Lautäußerungen. Sehr hilfreich sind hier Vogelstimmen auf CD, wobei zwei Dinge wichtig sind: Die aufgenommenen Sequenzen dürfen nicht zu kurz sein, so dass man sich in Ruhe einhören kann. Und es müssen neben den markanten Gesängen auch andere Lautäußerungen zu hören sein. Diese sind zur Bestimmung nämlich oft wichtiger, weil sie ganzjährig bei der Bestimmung helfen. Der Reviergesang erschallt dagegen meist nur während der Brutzeit und dient vor allem der Anlockung von Weibchen und der Abschreckung anderer Männchen.

Vogelarten im Garten

Ringeltaube

Türkentaube

Kennzeichen: 40 cm; größte heimische Taube, großer weißer Fleck an den Halsseiten (fehlt bei Jungtieren), im Flug weißes Querband im Flügel. Vier- bis fünfsilbiger Balzruf „ru-guh gu-gu-guh", beim Balzflug auffällig lautes Flügelklatschen. **Vorkommen:** Wälder, Parks, Gärten. Die „Verstädterung" der Ringeltaube ist im Norden Mitteleuropas weiter fortgeschritten als im Süden. Teilzieher, der in milden Wintern überwintert. **Nistplatz:** Das Nest, unordentlich aus grobem Reisig gebaut und nicht ausgepolstert, hat einen Durchmesser von 30–40 cm. Gebaut wird meist auf Bäumen, in Städten gelegentlich auch an Gebäuden. Ringeltauben legen stets zwei weiß glänzende Eier und brüten 2- bis 3-mal im Jahr. **Nahrung:** Fast rein pflanzlich: Eicheln, Bucheckern, Getreide- und Wildkrautsamen, Beeren, Blätter. Als „Verdauungshelfer" werden kleine Steinchen aufgenommen. Öfter als Futterstellen besuchen Ringeltauben Vogeltränken. Anders als Singvögel, die jeden Schluck durch die Kehle rinnen lassen, saugen Tauben Wasser, ohne abzusetzen.

Kennzeichen: 32 cm; elegante langschwänzige Taube mit hellgrauem bis beigem Gefieder und schwarzem Nackenring. Dreisilbiger Balzruf „ gu guh gu" (vor allem morgens zu hören), beim Landen oft auch lautes nasales Krächzen. **Vorkommen:** Kulturfolger, der fast ausschließlich in Siedlungen lebt. Meist trifft man Türkentauben als Paar, im Winter – vor allem an Bauernhöfen – auch in kleinen Schwärmen. Sitzt gerne auf Antennen. **Nistplatz:** Türkentauben können fast ganzjährig brüten. Frühbrüter bauen ihre dünne Nestplattform aus Reisig gerne in Nadelbäumen. Nach dem Laubaustrieb werden Laubbäume bevorzugt. Auch an Gebäuden können die Tauben brüten. Viele Nester werden mehrmals benutzt. Bei bis zu sechs Bruten pro Jahr werden jeweils zwei Eier gelegt. **Nahrung:** Unter der Vielfalt verschiedener Samen, Früchte und Blätter, welche die Nahrung der Türkentaube ausmachen, spielen Getreidearten eine große Rolle. An Futterstellen werden auch Sonnenblumenkerne gerne gefressen.

ganzjährig, Teilzieher, Nest meist auf Bäumen

ganzjährig, Brut meist auf Bäumen

Sperber

Turmfalke

Kennzeichen: Männchen 29–34 cm, Weibchen 35–41 cm; oberseits brauner, unterseits fein quergestreifter kleiner Greifvogel mit runden Flügeln und langem Schwanz, ausgefärbte Männchen blaugrau mit rostroter Unterseite. **Vorkommen:** Sperber brüten in Wäldern. Vor allem zur Zugzeit und während der Wintermonate sind sie aber häufig im Bereich von Dörfern und gartenreichen Vorstädten unterwegs. **Nistplatz:** Die Horste werden auf Bäumen gebaut; Fichten werden dabei bevorzugt. **Nahrung:** Die spezialisierten Singvogeljäger setzen auf Überraschung: Mit hastigen Flügelschlägen schießen sie aus der Deckung und schlagen blitzschnell zu. Männchen bevorzugen Beute in Sperlings- und Finkengröße, Weibchen das Drosselformat. Winterfutterplätze sind damit für Sperber sehr attraktiv; ein wesentlicher Einfluss auf die Singvogelbestände ist gleichwohl nicht zu befürchten. Entdecken Kleinvögel einen der kleinen Greifvögel, warnen sie mit hohen, durchdringenden „zieh-"Rufen – auch für den menschlichen Beobachter ein guter Hinweis auf einen jagenden Sperber.

Kennzeichen: 31–37 cm, Spannweite 75 cm; lange schmale Flügel und langer Schwanz, rotbraun mit dichter Fleckung, Männchen mit grauer Kappe und grauem Schwanz mit schwarzer Endbinde. Ruft laut „ki-ki-ki..." **Vorkommen:** Turmfalken tragen ihren Namen zu Recht. Sie brüten mit Vorliebe an Gebäuden und nisten selbst in Großstädten. Sie können das ganze Jahr über beobachtet werden. **Nistplatz:** Falken bauen keine Nester. Turmfalken greifen deshalb auf „Altbauten" zurück, verlassene Krähennester zum Beispiel. Häufiger aber nutzen sie Gebäudenischen, gerne an Türmen, die guten Überblick bieten. Wo Nischen fehlen, lässt sich mit großen Nistkästen leicht Abhilfe schaffen. **Nahrung:** Am liebsten fressen Turmfalken Mäuse und andere kleine Bodentiere. Typische Jagdstrategie ist der Rüttelflug auf der Stelle, aus dem die kleinen Greifvögel direkt in den Sturzflug übergehen. Brüten die Falken mitten in der Stadt, haben sie oft eine weite Anreise zum Jagdgebiet; manche Stadtfalken verlegen sich deshalb auch erfolgreich auf die Vogeljagd.

ganzjährig, Teilzieher, im Garten nur zur Jagd

ganzjährig, Brut an Gebäuden, Nistkasten auf S. 29

Schleiereule

Waldkauz

Kennzeichen: 33–39 cm; schlanke, helle Eule mit auffallendem herzförmigem Gesicht. Kreischende, quietschende und schnarchende Rufe. **Vorkommen:** Die Schleiereule gehört in die bäuerliche Kulturlandschaft, ein Mosaik aus großen Gärten, Feldern, Hecken und Wiesen. Weil sie nur nachts aktiv ist und (außer am Brutplatz) auch ziemlich leise, ist sie nicht leicht zu beobachten. **Nistplatz:** Am liebsten brüten Schleiereulen in Dachstühlen von Dorfkirchen oder Scheunen. Im Gebäudeinneren angebrachte große Nistkästen mit Einschlupfloch werden gerne genutzt. Nestbau ist nicht nötig: Die Eier, in guten Mäusejahren über zehn, liegen meist auf einer Schicht alter Gewölle – daumengroße unverdauliche Beutereste, die, in Haare verpackt, die Knochen von Beutetieren enthalten. **Nahrung:** Mäuse und Spitzmäuse leben gefährlich: Mit ihrem extrem feinen Gehör orten Schleiereulen jedes Rascheln. Eng wird es für die Eule, wenn Mäuse knapp werden, in schneereichen Wintern zum Beispiel. Um zu helfen, kann man Flächen räumen, Getreide streuen und damit Mäuse anlocken.

Kennzeichen: 37–43 cm; recht große Eule mit dickem rundem Kopf und dunklen Augen, „Rindenzeichnung" bei einer rostbraunen bis graubraunen Grundfärbung. Reviergesang ab Spätwinter weit tragend und schauerlich „huuuuh - -hu hu hu huuuu", Ruf laut und schrill „kju-wick". **Vorkommen:** Der Kauz ist nicht auf Wälder beschränkt. Auch auf Friedhöfen, in Parks und in Gärten mit altem Baumbestand ist er verbreitet. Tagsüber sitzt er nicht nur in Bäumen, sondern auch gerne in altem Gemäuer. **Nistplatz:** Waldkäuze brüten vor allem in großen Baumhöhlen. Wo solche fehlen, kann man mit groß dimensionierten Nistkästen (Einflugloch 12 cm) helfen. Seltener legen die Käuze ihre Eier auch in ungestörte Nischen alter Gebäude. **Nahrung:** Das Erfolgsrezept des Waldkauzes – unserer häufigsten Eulenart – liegt darin, dass er sowohl bei der Wahl des Brutplatzes als auch im Nahrungsspektrum äußerst anpassungsfähig ist. Dreiviertel seines Bedarfs decken Kleinsäuger (vor allem Feld- und Waldmäuse), den Rest Vögel, Frösche und Insekten.

ganzjährig, Brut in Gebäuden, Nistkasten auf S. 29

ganzjährig, Höhlenbrüter vor allem in Bäumen

53

Mauersegler

Kennzeichen: 18 cm, Spannweite bis zu 44 cm; im Flug schwalbenähnlich, aber mit schmalen, sichelförmigen Flügeln und auch unterseits ganz dunkel. Durchdringend laute „srieh"-Rufe. **Vorkommen:** In alten Gebäuden oft in ganzen Kolonien brütender Stadtvogel. An Sommerabenden fallen die in dichten Trupps laut rufend zwischen den Häusern jagenden Segler besonders auf. Als extrem gute Flieger – 1000 Kilometer am Tag sind kein Problem – überall dort unterwegs, wo es Nahrung gibt. **Nistplatz:** Unter Dächern, selten auch in Baumhöhlen. Nur zwei oder drei Eier werden in die aus wenigen Halmen und Speichel gebauten Nester gelegt. Spezielle Nistkästen helfen, bei Gebäudesanierungen verlorene Brutplätze zu ersetzen. Höhenlage wird bevorzugt: Freier An- und Abflug muss garantiert sein. **Nahrung:** Mauersegler ernähren sich von „Luftplankton", kleinen Insekten, die sie mit ihrem kescherartigen Schnabel erbeuten. Ihre spezielle Vorliebe macht sie zu reinen Sommervögeln: So kurz wie sie ist kein anderer Zugvogel bei uns.

Grünspecht

Kennzeichen: 35 cm; oberseits grün mit leuchtend gelbgrünem Bürzel, roter Streif vom Scheitel bis zum Nacken, schwarze Augenmaske, stark wellenförmiger Flug. Entlarvender Ruf, ein laut lachendes „kjück-kjück-kjück...". **Vorkommen:** Lichte Laubwälder, Streuobstwiesen, Parks. Als Gast auch in größeren Gärten mit Baumbestand. **Nistplatz:** Grünspechte ziehen gerne in vorhandene Bruthöhlen (aber nicht in Nistkästen). Zimmern sie selbst, bevorzugen sie weiches, oft auch krankes Holz. **Nahrung:** Viel häufiger als auf Bäumen ist der Grünspecht am Boden unterwegs. Das hat mit seiner ausgeprägten Liebe für Ameisen zu tun. Mehr als 10 cm lässt sich die wurmartig bewegliche, klebrige, an der Spitze verhornte und mit Widerhaken besetzte Zunge ausfahren – ein ideales Werkzeug, um Ameisen in großer Menge zu erbeuten. Im Winter minieren die Spechte in Ameisenhaufen, im Sommer werden vor allem Rasenflächen systematisch abgesucht, Moos angehoben und trichterförmige Löcher gebohrt, um unterirdische Ameisennester zu finden.

Mai bis September, Brut an Gebäuden

ganzjährig, Höhlenbrüter in alten Bäumen

Buntspecht

Elster

Kennzeichen: 25 cm; schwarz-weiß mit dunkelrotem Unterschwanz, Männchen auch mit rotem Nackenfleck, Jungvögel mit roter Kopfplatte, wellenförmiger Flug. Ruft scharf „kick" und trommelt häufig – nicht nur auf Holz, sondern auch an Regenrohren etc. **Vorkommen:** Bei weitem der häufigste Specht, vom dichten Fichtenwald über Misch- und Laubwälder und Streuobstwiesen bis in Stadtparks und größere Gärten verbreitet. **Nistplatz:** Weichholz ist kein Problem für den Specht, in hartem Holz nutzt er geschädigte Stellen. Vom Buntspecht gezimmerte Baumhöhlen haben einen Eingang von etwa 5 cm Durchmesser. Haben die Spechte Nachwuchs, lassen sich die Höhlen leicht orten: Das Geschrei der Jungvögel ist weithin zu hören. **Nahrung:** Aus Stämmen und Stubben gemeißelte holzbewohnende Insekten und deren Larven, Nadelbaumsamen, durch Anhacken der Rinde gewonnener Baumsaft – Buntspechte ernähren sich vielseitig. Am Futterhaus sind sie regelmäßige Gäste; sie schätzen vor allem Fettfuttergemische und Nüsse.

Kennzeichen: 40–50 cm, von denen die Hälfte auf den Schwanz entfallen; schillernd schwarz mit weißem Bauch, Schulterflecken und Handflügel. Häufigster Ruf ist ein lautes, heiseres „tscheck-tscheck". **Vorkommen:** Offene Landschaften mit Feldgehölzen und Alleen, Streuobstwiesen, Dörfer und Stadtrandgebiete. **Nistplatz:** Elsternester lassen sich leicht erkennen. Die voluminösen, mit einer Lehmschicht ausgekleideten Reisigbauten sind mit meist dornigen Zweigen überdacht, ein Schutz gegen nestplündernde Krähen. Elstern legen Wert auf Überblick: In unübersichtlichem Gelände bauen sie ihre Nester hoch oben in Bäume. **Nahrung:** Vielseitigkeit und Intelligenz zeichnen viele Rabenvögel aus – auch die Elster. Ihre Findigkeit ist sprichwörtlich und lässt sie auch bei der Nahrungssuche nicht im Stich. Der Allesfresser (Insekten, Lurche, Kleinsäuger, Aas, Früchte) genießt einen zweifelhaften Ruf als rabiater Besucher von Futterplätzen und Nestplünderer, hat aber keinen nachhaltigen Einfluss auf Singvogelbestände.

ganzjährig, Höhlenbrüter, häufig am Futterplatz

ganzjährig, überdachtes Nest in Bäumen

Eichelhäher

Kennzeichen: 34 cm; rötlich braun, am Flügel hellblaues, schwarz gebändertes Feld, im Flug mit gegen den schwarzen Schwanz kontrastierendem, auffallend weißem Bürzel. Lautes, beharrliches Rätschen bei Beunruhigung oder Gefahr. **Vorkommen:** Während der Brutzeit ziemlich heimlich, überwiegend in Wäldern, aber auch in Feldgehölzen, Parks und großen Gärten. Ansonsten, teilweise vom Nahrungsangebot gesteuert, weit herumstreichend. **Nistplatz:** „Unordentliches" Nest aus dünnen Ästchen, meist gut versteckt in Büschen oder kleinen Bäumen. **Nahrung:** Der Häher trägt seinen Namen zu Recht: Eicheln, aber auch Bucheckern und Haselnüsse, im Herbst in vielen Verstecken mit jeweils wenigen Früchten gehortet, sind im Winter seine wichtigste Nahrung. Vergessene Speisekammern tragen entscheidend zur Waldverjüngung bei. Ansonsten gilt: Die Ernährung ist vielseitig und schließt auch Eier und Nestlinge ein. Am Futterplatz sind Eichelhäher meist recht scheu. Nüsse und Mais nehmen sie oft einfach im Kehlsack mit und speisen anderswo.

ganzjährig, im Herbst/Winter vermehrt in Gärten

Dohle

Kennzeichen: 32 cm; kleiner Krähenvogel mit kurzem Schnabel, grauem Nacken und auffällig hellen Augen. Der typische Ruf ist ein lautes „kjack". **Vorkommen:** Einerseits typischer Stadtvogel, der kolonieartig an und in nischenreichen alten Gebäuden brütet, andererseits auch abseits in Felsspalten und größeren Baumhöhlen nistend. Weil Dohlen ihre Nahrung in offenem Gelände suchen, meiden sie geschlossene Wälder. Baumhöhlen werden als Brutplatz nur genutzt, wenn der Waldrand nicht fern ist. Im Winter zusammen mit Saatkrähen an Schlafplätzen oft vieltausendköpfige Schwärme bildend. **Nistplatz:** Dohlen sind in der Nistplatzwahl sehr flexibel. Weil der Bruterfolg in tieferen Höhlen größer ist als in offenen Nischen, bevorzugen sie Erstere. **Nahrung:** Wie viele Krähenvögel sind auch Dohlen nicht wählerisch. In Städten mischen sie sich oft unter die Tauben und lassen sich mit allerlei Resten füttern. Ihre natürliche Nahrung: Insekten, Spinnen, Regenwürmer. In Gärten fleddern sie gern den Komposthaufen.

ganzjährig, Teilzieher, Höhlenbrüter und Gebäude

Rabenkrähe

Blaumeise

Kennzeichen: 44–51 cm; vollständig schwarz, kräftiger Schnabel; die Rabenkrähe ist auf das westliche Europa beschränkt, im Osten brütet die sehr nahe verwandte Nebelkrähe mit überwiegend grauer Körperbefiederung. Das laute „krra krra" kann individuell sehr verschieden klingen. **Vorkommen:** Rabenkrähen besiedeln die offene Landschaft; geschlossene Wälder werden gemieden. Neben den Brutpaaren, die Reviere verteidigen, sind auch im Sommer kleine Trupps von Nichtbrütern unterwegs. Außerhalb der Brutzeit oft Schlafgemeinschaften in Parks und Feldgehölzen – allerdings nie so kopfstark wie die der Saatkrähen. **Nistplatz:** Die stabilen, mehrschichtig aufgebauten Nestplattformen der Rabenkrähen haben etwa 60 cm Durchmesser. Die meist in Astgabeln im Kronenbereich angelegten Nester können mehrere Jahre genutzt werden und sind auch für „Nachmieter" wie Turmfalken, Baumfalken oder Waldohreulen wichtig. **Nahrung:** Rabenkrähen sind findige Allesfresser; das Spektrum umfasst Würmer und Insekten, kleine Wirbeltiere und Pflanzenteile ebenso wie Aas.

Kennzeichen: 11 cm; blaue Kappe, weiße Wangen und schwarzer Augenstreif, blaue Flügel und gelber Bauch. Gesang hell und hoch „tii-ti-ti-tirrrr" mit abschließendem Triller, viele verschiedene Rufe. **Vorkommen:** Blaumeisen sind weitverbreitet, doch echte Blaumeisen-Paradiese sind lichte höhlenreiche Laubwälder mit reichem Unterwuchs. Je stärker sich Gärten diesem Ideal nähern, desto wohler fühlen sich die hübschen Vögel. **Nistplatz:** Blaumeisen sind Höhlenbrüter, denen leicht geholfen werden kann. Nistkästen werden problemlos akzeptiert. Bietet man Kästen mit Fluglochdurchmessern von 26–27 mm an, wird dickere (also stärkere) Konkurrenz ausgeschlossen. Mit bis zu 17 (meist 7–13) Eiern im gut ausgepolsterten Nest sind die Blaumeisen ungewöhnlich kinderreich. **Nahrung:** Blaumeisen sind Spezialisten fürs Feine. Häufig turnen sie in den äußersten Zweigspitzen, oft kopfunter, und lesen mit ihrem winzigen Schnabel kleine Insekten und Spinnentiere ab. Solche akrobatischen Leistungen helfen auch am Futterhaus gegen starke Konkurrenz.

ganzjährig, Baumbrüter mit großen Nestern

ganzjährig, Höhlenbrüter, Nistkasten auf S. 26

Kohlmeise

Tannenmeise

Kennzeichen: 14 cm; größte Meise, schwarzer Kopf mit weißen Wangen, Bauch gelb mit bei Männchen breitem, bei Weibchen schmalem Längsstrich. Lautäußerungen verwirrend vielfältig, Gesang meist laut metallisch „zii-bä zii-bä..." oder „zi-zi-täh, zi-zi-täh...". **Vorkommen:** Kohlmeisen sind echte „Allrounder", die zwar, wie die Blaumeise, Laubwald bevorzugen, aber überaus anpassungsfähig sind und so zu den häufigsten Gartenvögeln gehören. **Nistplatz:** Wo ein Hohlraum ist, ist auch ein Nistplatz: Kohlmeisen, von Natur aus auf Baumhöhlen angewiesen, nutzen auch unkonventionelle Orte wie Briefkästen oder Laternenmasten zur Brut. Mit Nistkästen lässt sich die Dichte in Wald, Park oder Garten enorm steigern. Zwei Bruten pro Jahr mit jeweils sechs bis zwölf Eiern sind normal. **Nahrung:** Im Sommer hauptsächlich Insektenfresser, stellen Kohlmeisen im Winter teilweise auf Pflanzensamen um. Am Futterhaus gehören sie zu den auffälligsten Arten. Ein kräftiger Körnerfresser-Schnabel fehlt ihnen zwar; die Meißeltechnik führt aber auch zum Ziel.

Kennzeichen: 11 cm; ähnelt einer kleinen Kohlmeise, ist aber weniger bunt und hat einen weißen Nackenstreif. Singt eilig klagend „wit-jä wit-jä wit-jä...". **Vorkommen:** Der Name passt: Tannenmeisen mögen Nadelbäume – Fichten sogar noch lieber als Tannen – und brüten bevorzugt in reinen Nadel- oder Mischwäldern. Außerhalb der Brutzeit sind Tannenmeisen aber sehr mobil und auch in Gärten nicht selten, vor allem wenn Koniferen und Futterstellen locken. **Nistplatz:** Wie Blaumeise und Kohlmeise ein Höhlenbrüter, der gerne in Nistkästen geht, allerdings nur selten in Gärten brütet. Ansonsten flexibel in der Nistplatzwahl und außer in Baumhöhlen auch in Mauerlöchern und sogar unterirdisch in Mauselöchern brütend. **Nahrung:** Im Sommer Insekten und Spinnen. Raupen spielen als Kinderfutter eine große Rolle – damit sind Tannenmeisen wichtige Gegenspieler von Forstschädlingen. Im Winter stehen Samen von Fichte und Tanne an erster Stelle. Futterstellen werden ebenfalls gerne besucht. Futter wird oft mitgenommen und andernorts verspeist.

ganzjährig, Höhlenbrüter, Nistkasten S. 26

ganzjährig, Höhlenbrüter, Nistkasten auf S. 26

Sumpfmeise

Rauchschwalbe

Kennzeichen: 12 cm; graubraun, mit schwarzem Oberkopf, weißen Wangen und kleinem Kinnfleck. Ruft explosiv „pist-ja", Gesang häufig in gleicher Höhe vorgetragene schnelle Tonfolge „tep tep tep...". **Vorkommen:** Laub- und Mischwäldern mit genügendem Altholzanteil, Feldgehölze, Parks und größere Gärten bis in die Innenstädte. Sumpfmeisen sind ziemlich sesshaft. Die bei vielen anderen Arten vorkommenden winterlichen „Invasionen", bei denen plötzlich sehr viele Vögel einer Art am Futterhaus auftauchen, kennt man von Sumpfmeisen nicht. **Nistplatz:** Zwar lässt sich auch diese Meisenart mit Nistkästen unterstützen; lieber brüten Sumpfmeisen aber in Naturhöhlen. Im Frühjahr inspizieren sie ihr Revier, untersuchen alle Astlöcher und erweitern durch Fäulnis entstandene Höhlenansätze durch kräftiges Hacken mit dem Schnabel zur Brutgelegenheit. **Nahrung:** Insekten und Spinnentiere decken den Bedarf im Sommer. Aber auch Sämereien spielen ganzjährig eine größere Rolle als bei den anderen Meisen, die darauf eher im Winter zurückgreifen.

Kennzeichen: 17–21 cm; glänzend blauschwarz mit heller Unterseite und braunrotem Gesicht, tief gegabelter Schwanz mit langen (bei Jungvögeln deutlich kürzeren) Schwanzspießen. Gesang mit langen, schnell zwitschernden, mit einem schnurrenden Laut endenden Strophen, Rufe „witt-witt". **Vorkommen:** Kulturfolger, der sich sehr eng an den Menschen angeschlossen hat und seine Nester überwiegend im Inneren von Ställen und anderen Bauwerken anlegt. Gerne über Viehweiden und Gewässern jagend. Im Herbst große Schlafgemeinschaften in Schilf. **Nistplatz:** Das aus getrocknetem Schlamm mit einigen Pflanzenstängeln gebaute napfförmige Nest ruht oft auf einer Unterlage: Balken, Leitungsrohre, Stalllaternen. Ställe, bei denen wenigstens kleine Ein- und Ausfluglöcher offen bleiben (10 x 10 cm genügen), kleine Nistkonsolen oder – ist Schlamm nirgends verfügbar – künstliche Nester helfen den Schwalben. **Nahrung:** Als reiner Insektenfresser, der seine Nahrung im schnellen, wendigen Flug erbeutet, ist die Rauchschwalbe natürlich ein Zugvogel.

ganzjährig, Höhlenbrüter, Nistkasten S. 26

April bis September, brütet in Gebäuden

Mehlschwalbe

Zilpzalp

Kennzeichen: 14 cm; schwarz mit mehlweißer Unterseite und leuchtend weißem Bürzel, Schwanz nur leicht gegabelt. Auffälliger als der Gesang sind die häufig zu hörenden Rufe „prrit, prrit". **Vorkommen:** Wie die Rauchschwalbe ein Kulturfolger; während diese eher die Landwirtschaft schätzt, besiedelt die Mehlschwalbe selbst Innenstädte. Viel seltener sind natürliche Brutplätze unter Felsvorsprüngen. Im Herbst – vor dem Flug nach Afrika – sammeln sich Mehlschwalben oft in großer Zahl auf Leitungsdrähten. **Nistplatz:** Mehlschwalben lieben Gesellschaft. Die aus Schlamm gebauten Viertelkugeln, die nur einen kleinen Einschlupf offen lassen, sind meist kolonieartig unter Dachvorsprünge gereiht. Die Kolonien bleiben oft viele Generationen bestehen. Brauchbare Nester werden im nächsten Jahr wieder bezogen, Ruinen repariert. Kunstnester werden gerne angenommen. **Nahrung:** Kleine Insekten, die im Flug gefangen werden, oft sehr hoch in der Luft. Jagt wie die Rauchschwalbe auch gerne über Wasser.

Kennzeichen: 11 cm; klein und unscheinbar, ins Grünliche spielende graubraune Färbung, sehr feiner Insektenfresser-Schnabel, dünner heller Überaugenstreif, dunkle Beine; Laubsänger – zu dieser Gruppe gehört der Zilpzalp – sind am Federkleid schwierig zu bestimmen. Auffällig ist dagegen der typische Gesang, ein lautes und anhaltend wiederholtes monotones „zilp zalp". **Vorkommen:** Im Frühjahr hört man den Zilpzalp vor allem in unterholzreichen Wäldern, in Parks und größeren Gärten; gerade in letzteren bedeutet Gesang aber noch nicht, dass er hier auch brütet. Gesungen wird auch schon vor Bezug des eigentlichen Brutreviers. **Nistplatz:** Laubsänger brüten in kugeligen Nestern mit seitlichem Eingang („Backofennest") in dichtem Pflanzenwuchs am oder knapp über dem Boden. **Nahrung:** Insektenfresser, der bereits sehr früh aus dem Winterquartier zurückkehrt (manche versuchen sogar, hier zu überwintern). Dann hat man gute Chancen, den heimlichen Vogel zu sehen: Immer in Bewegung huscht er durch blühende Weiden, von denen Insekten magisch angezogen werden.

April bis Oktober, an Gebäuden, Nisthilfe auf S. 30

März bis Oktober, selten überwinternd

Mönchsgrasmücke

Kennzeichen: 14 cm; grau mit schwarzer (Männchen) oder rotbrauner (Weibchen und Jungvögel) Kopfplatte ("Schwarzplättchen"), feiner Schnabel. Gesang mit Strophen, die leise beginnen und mit einem lauten, melodisch flötenden Schluss enden, Warnrufe sehr hart „tekk, tekk". **Vorkommen:** Bei weitem die häufigste Grasmücke und in Wäldern und Parks, Friedhöfen und Gärten weitverbreitet, wenn sie dichtes Unterholz aufweisen. **Nistplatz:** Ihre Napfnester aus Stängeln, Würzelchen und Pflanzenfasern baut die Mönchsgrasmücke in Astgabeln im dichten Gewirr der Sträucher, meist kaum höher als einen Meter über dem Boden. **Nahrung:** Während der Brutzeit überwiegend Insektenfresser, vor dem Wegzug im Herbst dann zunehmend Früchte, zum Beispiel von Holunder, Heckenkirsche, Hartriegel oder Eibe. Auch die bis in das Frühjahr hinein verfügbaren Beeren des Efeus werden gerne gefressen. Die Nutzung von Beeren verbunden mit intensiver Fütterung erlaubt zunehmende Überwinterung auf den britischen Inseln; Mitteleuropa wird dagegen im Winter verlassen.

März bis November, Freibrüter im Unterholz

Klappergrasmücke

Kennzeichen: 13 cm; graubraun mit grauem Scheitel und dunklerer Maske um Auge und Ohr, Unterseite hell, Kehle weiß. Der Gesang beginnt mit leisem eiligem Schwätzen und endet mit einem lauten hölzernen Klappern – der beste Hinweis auf die Anwesenheit des sonst eher heimlichen Vogels. Weil singende Vögel oft frei auf Baumspitzen sitzen, lassen sie sich dann auch leicht beobachten. **Vorkommen:** Büsche müssen sein, aber – anders als die Mönchsgrasmücke – zieht die Klappergrasmücke offeneres Gelände vor und meidet geschlossene Wälder. Hecken, Parks, Weinberge, Friedhöfe und größere Gärten bieten Brutraum. Klappergrasmücken sind Langstreckenzieher, die im April hier eintreffen. **Nistplatz:** Für die Anlage des locker aus Stängeln gebauten und mit Gespinsten und Pflanzenwolle verwobenen Nests werden bevorzugt Dornsträucher und -hecken gewählt. Die Jungen verlassen das Nest oft noch völlig flugunfähig bereits nach zwölf Tagen, werden aber noch drei Wochen intensiv betreut. **Nahrung:** Kleine Insekten, darunter sehr viele Blattläuse, im Herbst auch Beeren.

April bis September, Freibrüter im Unterholz

Kleiber

Kennzeichen: 14 cm; halslos und kurzschwänzig, Oberseite graublau, Unterseite orangebraun, Gesicht hell mit schwarzem Augenstreif, langer spitzer Schnabel; einziger Vogel Mitteleuropas, der auch kopfunter klettert, bewegt sich ruckartig an Stämmen und Ästen. Stimme vielfältig, am häufigsten ist ein lautes, auch im Winter erschallendes „tüit tüit". **Vorkommen:** Kleiber entfernen sich selten weit von Bäumen. Altholzbestände werden bevorzugt, Eichen geliebt. Ihre raue Borke bietet reichlich Nahrung. **Nistplatz:** Kleiber sind Höhlenbrüter, die sich den Eingang zur Bruthöhle maßschneidern. Zementhart werdender Lehm sorgt dafür, dass der Höhlenzugang für größere Konkurrenten zu eng wird. Auf ein richtiges Nest wird verzichtet, es werden lediglich Holzstückchen und Borkenteile eingetragen. **Nahrung:** Die Stämme großer Bäume werden ganzjährig intensiv nach Insekten und Spinnen abgesucht. Im Winter spielen Baumsamen eine große Rolle, vor allem Bucheckern und Hainbuchenfrüchte. Je schlechter die „Ernte", desto lieber kommen Kleiber an den Futterplatz.

ganzjährig, Höhlenbrüter, Nistkasten S. 26

Gartenbaumläufer

Kennzeichen: 13 cm; durch seine Rindenfarbe hervorragend getarnt, langer dünner und gebogener Schnabel, Stützschwanz. Laute „tü"-Rufe sind ganzjährig zu hören, der leise, sehr hohe Gesang nur im Frühjahr. **Vorkommen:** Wälder, Parks, Alleen und Streuobstwiesen mit locker stehenden Altbäumen, bevorzugt solche mit rauer Borke wie Eichen. **Nistplatz:** Baumläufer brüten „zwischen Baum und Borke" in senkrechten Spalten hinter abstehenden Rindenteilen, gelegentlich auch an Gebäuden hinter Verschalungen etc. Spezielle Nistkästen mit seitlichem Eingangsschlitz (im Fachhandel erhältlich) werden gerne genutzt. **Nahrung:** Baumläufer sind tatsächlich fast immer an großen Bäumen unterwegs, wo sie – sich von unten nach oben arbeitend und dabei den Schwanz als Stütze verwendend – mit dem feinen Schnabel Nahrung in den Ritzen der Borke suchen. Sie erbeuten überwiegend kleine Insekten und Spinnen, im Winter ergänzt durch einige Samen und Flechtenstücke. Am Futterhaus sind Fettfuttermischungen attraktiv, die an Baumstämmen befestigt sind.

ganzjährig, Brut in Rindenspalten

Zaunkönig

Star

Kennzeichen: 9–10 cm; winzig, braun, kurzhalsig mit schlankem, spitzem Schnabel, kurzer, oft steil aufgerichteter Schwanz, oft mäuseartig durchs Unterholz huschend. Reviergesang eine erstaunlich laute Folge von Trillern, auch im Winter zu hören, ruft bei Beunruhigung hart „tek tek". **Vorkommen:** Ob Wälder, Parks oder Gärten: Wo es dichtes, bodenfeuchtes Unterholz gibt, sind auch Zaunkönige. **Nistplatz:** Zaunkönige bauen kunstvolle Kugelnester überwiegend aus Moos, die einen seitlichen Einschlupf haben. Meist liegen sie in dichtem Wurzelwerk in Bodennähe, oft im Wurzelteller umgestürzter Bäume. Unkonventionelle Brutplätze, zum Beispiel in Geräteschuppen, sind häufig. Nicht jedes Nest wird auch benutzt: Männchen bieten den Weibchen vor der Brut Alternativstandorte an. **Nahrung:** Zaunkönige sind auch zum Nahrungserwerb hauptsächlich am Boden unterwegs. Insekten stellen die Hauptbeute, daneben werden Spinnen, Asseln und Schnecken gefressen. Obwohl die Teilzieher in kalten Wintern empfindliche Einbußen erleiden, sieht man sie selten am Futterplatz.

Kennzeichen: 21 cm; zur Brutzeit schillernd schwarz mit gelbem Schnabel, außerhalb der Brutzeit weiß gefleckt („Perlstar") mit dunklem Schnabel, Jungvogel fast einfarbig hellbraun, später gescheckt; hüpft bei der Nahrungssuche auf dem Boden nicht wie eine Amsel, sondern läuft; fliegt geradlinig und schnell. Stare sind berühmte Stimmimitatoren, verraten sich aber durch das immer eingeflochtene starentypische, nasale „spreeen". **Vorkommen:** Kulturfolger, häufig in Streuobstwiesen, Parks und Gärten, nach der Brutzeit in großen Trupps unterwegs, oft kopfstarke Schlafgemeinschaften mitten in Großstädten. **Nistplatz:** Die klassischen Starenkästen waren die ersten Nistkästen. Dabei ging es allerdings nicht um Vogelschutz, sondern um Fleisch im Topf. Erleichtert wurde der „Starenanbau" durch die soziale Ader des Höhlenbrüters, der kein großes Nestrevier beansprucht. **Nahrung:** Stare sind nicht wählerisch. Neben Insekten und deren Larven, die sie vor allem am und im Boden suchen, fressen sie gerne Früchte. Überwinterer besuchen auch Futterhäuser.

ganzjährig, Teilzieher, bodennahes Moosnest

ganzjährig, Teilzieher, Höhlenbrüter

Amsel

Kennzeichen: 25 cm; Männchen schwarz mit orange-gelbem Schnabel und Augenring, Weibchen und Jungvögel dunkelbraun mit dunklem bis blassgelbem Schnabel, bewegt sich – anders als Stare – hüpfend. Gesang laut melodisch flötend, daneben vielfältige Rufe. **Vorkommen:** Kaum vorstellbar, dass die Amsel – heute der Gartenvogel schlechthin – früher ein reiner Waldvogel war! Amseln brüten selbst in kleinen Gärten und mitten in Großstädten. **Nistplatz:** Nur wenige Vögel sind so flexibel in der Nistplatzwahl: „klassisch" in Bäumen und Gebüschen, in Hausbe-grünungen, auf Holzstapeln, Balken und Balkonen. Viel Mühe, das umfangreiche, trotz mehrerer Jahres-bruten jeweils nur einmal genutzte Nest zu verste-cken, geben sich Amseln meist nicht. **Nahrung:** Am-seln lassen sich leicht bei der Nahrungssuche beob-achten: Regenwürmern stellen sie selbst auf steri-len Rasenflächen nach. Ab dem Sommer gewinnen Früchte zunehmend an Bedeutung. Am Futterplatz er-weisen sie sich als Allesfresser: Obst, Fettfutter, Ha-ferflocken, Nussstückchen, Sonnenblumensamen ...

Wacholderdrossel

Kennzeichen: 25 cm; kräftige, im frischen Gefieder fast bunt wirkende Drossel mit grauem Kopf, braunem „Mantel", grauem Bürzel, schwarzem Schwanz und kräftig gefleckter Unterseite. Weniger durch den Ge-sang als durch die lauten Warnrufe „schak-schak-schak" auffallend. **Vorkommen:** Ein Charaktervogel offener Kulturlandschaft mit höheren Bäumen: Alle-en, Streuobstwiesen, Parks und Friedhöfe sowie aus-gedehnte Gärten. **Nistplatz:** Wacholderdrosseln bau-en ihre mit Lehm ausgekleideten und mit Grashalmen gepolsterten Nester gerne in Astgabeln größerer Bäu-me. Sie nisten in lockeren Kolonien. Krähen und Greif-vögel, die sich nähern, werden vom Kollektiv laut schimpfend angegriffen und gezielt mit Kot bespritzt. **Nahrung:** Wie die Amsel im Frühjahr hauptsächlich am Boden unterwegs und dort auf der Jagd nach Re-genwürmern, daneben auch Insekten. Ab Sommer auch immer mehr Früchte, vor allem Eberesche, Mehlbeere, Weißdorn und Hagebutten. In großen Schwärmen suchen die Drosseln auch in Streuobst-wiesen am Boden liegen gebliebenes Obst.

ganzjährig, Teilzieher, Nest oft an Gebäuden

ganzjährig, Teilzieher, Nest auf hohen Bäumen

Singdrossel

Rotdrossel

Kennzeichen: 21 cm; Oberseite fast einfarbig braun, Unterseite hell mit dichten schwarzen Flecken. Sehr lauter Gesang mit kurzen melodischen Motiven, die jeweils mehrmals wiederholt werden, daneben ein charakteristischer, kurzer „zipp"-Ruf, der auch nachts von ziehenden Drosseln zu hören ist. **Vorkommen:** Bevorzugt Wälder, vor allem Nadelwälder, und brütet eher selten in Feldgehölzen, größeren Parks oder Gärten. Zur Zugzeit und im Winter gelegentlich an Futterstellen. **Nistplatz:** Zum Nisten suchen sich Singdrosseln Bäume, bevorzugt Nadelbäume. Das Nest liegt meist gut versteckt in Stammnähe. Außen locker aus kleinen Zweigen und Gräsern oder Moos zusammengefügt, wird es innen von einer glatten Schicht aus mit Holzmulm vermengtem Lehm ausgekleidet. **Nahrung:** Ähnlich wie die Amsel wenig spezialisierter Wurm-, Insekten- und Beerenfresser, aber mit einer Vorliebe für die Schneckenjagd. Nacktschnecken werden zwar auch genommen, mittelgroße Gehäuseschnecken aber bevorzugt und auf hartem Untergrund zertrümmert („Drosselschmieden").

Kennzeichen: 21 cm; kleine Drossel mit auffällig gezeichnetem Gesicht, brauner Oberseite, heller Unterseite mit verwaschener Fleckung und rostroten Flanken. Den Gesang hört man in Mitteleuropa selten, der hohe gedehnte Flugruf „tziih" ist hier der auffälligste Ruf der Rotdrossel. **Vorkommen:** Die Wälder des Nordens sind die Heimat der Rotdrossel; in Mitteleuropa haben Bruten bisher nur vereinzelt stattgefunden. Dagegen gehört die hübsche kleine Drosselart zu den häufigen Durchzüglern und Überwinterern und kann einzeln oder in nahrungsreichen Gebieten auch in großen Schwärmen mit Hunderten von Vögeln beobachtet werden. **Nahrung:** Nach Drosselart zur Wurmjagd hauptsächlich auf dem Boden unterwegs und in ihrem mitteleuropäischen Durchzugs- und Winterquartier vor allem auf Früchte angewiesen. Weißdorn, Holunder, Sanddorn, Hartriegel, Eberesche und andere Wildpflanzen werden genutzt. In Streuobstwiesen sieht man Rotdrosseln oft zusammen mit Wacholderdrosseln an Fallobst. An Futterplätze kommen sie eher selten.

Februar bis November, zur Zugzeit im Garten

Oktober bis April, zur Zugzeit im Garten

Grauschnäpper

Rotkehlchen

Kennzeichen: 14 cm; grau mit hellerer Unterseite, auffällig gestricheltem Scheitel, spitzem, kräftigem Schnabel und aufrechter Haltung, Jungvögel oberseits hell gefleckt. Ruft kurz und durchdringend „zit". **Vorkommen:** Genügend größere Fluginsekten und viele Ansitzwarten zur Jagd – diese beiden Voraussetzungen sind in lichten Wäldern und Parks mit alten Bäumen ebenso gegeben wie in vielen Hausgärten. Der in Afrika südlich der Sahara überwinternde Weitstreckenzieher brütet in Mitteleuropa bevorzugt in Siedlungen. **Nistplatz:** Das etwas schlampig wirkende Nest wird in Nischen von Bäumen oder Gebäuden, nicht selten auch in Kletterpflanzen gebaut. Mit Halbhöhlen-Nistkästen und Hausbegrünung können wir helfen. **Nahrung:** Obwohl farblich nicht hervorstechend ist der Grauschnäpper ein auffälliger Gast im Garten: Fast ständig aufgeregt mit Schwanz und Flügeln zuckend startet er seine Jagd auf vorbeifliegende Insekten – bevorzugt Fliegenarten – von exponierten Warten, auf die er meist sofort wieder zurückkehrt.

Kennzeichen: 13 cm; rundlich mit groß wirkenden Augen und feinem Insektenfresser-Schnabel, einfarbig braun mit heller Unterseite und orangeroter Färbung, die Gesicht, Kehle und Brust umfasst. Gesang mit hohen gepressten Tönen beginnend und laut und melodisch perlend endend, ruft hart „tick tick". **Vorkommen:** In kleineren Gärten muss man zur Brutzeit auf Rotkehlchen meist verzichten. Dann bevorzugen sie unterholzreiche feuchte Wälder. Im Winter sind sie dagegen da, bilden Reviere, die sie gegen Artgenossen verteidigen – und sorgen mit Gesang in Morgen- und Abenddämmerung für (verfrühte) Frühlingsgefühle. **Nistplatz:** Gut versteckt am Boden, unter Wurzeln, Kletterpflanzen oder Mauerlöchern, aber auch in bodennah angebrachten Halbhöhlenkästen. **Nahrung:** Zur Brutzeit fast ausschließlich Insekten und Spinnentiere, die am Boden erbeutet werden. Später gewinnen Beeren an Bedeutung: Liguster, Hartriegel, Holunder, Pfaffenhütchen, Efeu usw. Am Futterhaus schätzt das Rotkehlchen Weich- und Fettfutter, nimmt aber auch kleine Sämereien.

Mai bis September, Nistkasten S. 28

ganzjährig, Teilzieher, Bodenbrüter

Hausrotschwanz

Gartenrotschwanz

Kennzeichen: 14 cm; schlank, mit dünnem Insekten-fresser-Schnabel, Männchen schwärzlich, meist mit weißem Flügelfeld, Weibchen dunkelgraubraun, beide Geschlechter mit rotbraunem Schwanz, der nicht nur durch die Farbe, sondern auch durch das typische Schwanzzittern auffällt. Singt mit gepresst und kratzig klingenden Strophen bereits in der Morgendämmerung. **Vorkommen:** Früher fast nur an Felsen brütend hat der Hausrotschwanz die Welt der „Kunstfelsen" entdeckt und nistet an (und in) Gebäuden: ein klassischer Kulturfolger, der heute in keiner Siedlung fehlt. **Nistplatz:** Balkenvorsprünge und Mauernischen tragen das locker aus Moos und Halmen gebaute Nest. Halbhöhlen-Nistkästen machen auch glatte Fassaden nutzbar. **Nahrung:** Insekten- und Spinnenjäger; erhöhte Warten verschaffen Überblick für die Jagd am Boden und dienen als Startplatz für die Luftjagd nach Fliegenschnäpperart. Im Rüttelflug flatternd werden Insekten von Wänden und Pflanzen abgelesen. Im Sommer und Herbst frisst er sehr gerne auch Beeren (zum Beispiel Holunder).

Kennzeichen: 14 cm; Gestalt und Schwanzzittern wie Hausrotschwanz, Männchen mit grauem Rücken, rotem Bauch, schwarzem Gesicht und weißer Stirn, Weibchen bis auf den rotbraunen Schwanz ziemlich einfarbig hellbraun. Gesang melodisch, Strophen fast immer gleich mit einigen klaren Tönen „ji-gjü gjü gjü" beginnend. **Vorkommen:** Lichte Wälder mit Altholzbestand, Streuobstwiesen, Parks und große Gärten. Singende Männchen sitzen gerne obenauf, ansonsten lebt die Art eher versteckt. **Nistplatz:** Gartenrotschwänze sind (Baum-)Höhlenbrüter – direkte Hilfe besteht also im Angebot eines Nistkastens, möglichst eines solchen mit langovalem Einflugloch. Weil die Langstreckenzieher erst aus Afrika eintreffen, wenn andere Höhlenbrüter bereits auf den Eiern sitzen, sollte das Nistkastenangebot so groß sein, dass auch solche Spätankömmlinge eine Chance auf Wohnungserwerb haben. **Nahrung:** Insekten und Spinnentiere, die überwiegend am Boden und in der Krautschicht erbeutet werden, bei großem Angebot auch bis in die Baumkronen.

März bis Oktober, Gebäude, Nistkasten S. 28

April bis Oktober, Höhlenbrüter, Nistkasten S. 26

Heckenbraunelle

Haussperling, Spatz

Kennzeichen: 13,5 cm; fein braun gestreift mit grauem Kopf, Insektenfresser-Schnabel, sehr heimlich, allerdings gerne von höherer Warte aus singend. Gesang weitgehend auf gleicher Tonhöhe hoch und hastig zwitschernd. **Vorkommen:** Ihren Namen trägt sie nicht zufällig: Fehlt dichtes Unterholz, fehlt auch die Heckenbraunelle. Höchste Dichten erreicht sie in jungen Fichtenschonungen, im Siedlungsbereich auf heckenreichen Friedhöfen oder Parks. Die „graue Maus" unter den Singvögeln ist leichter zu hören als zu sehen. **Nistplatz:** Nest erstaunlich groß und überwiegend aus Moos mit einem Unterbau aus Fichtenzweigen gebaut, ausgepolstert mit feinen Fasern und Tierhaaren oder den Sporenträgern des Haarmützenmooses. Gut versteckt in geringer Höhe im dichtesten Geäst junger (Nadel-)Bäume. **Nahrung:** Kleine bis winzige Insekten sowie Spinnentiere und kleine Landschnecken bilden die Sommernahrung. In den übrigen Jahreszeiten kommen Pflanzensamen dazu, zum Beispiel die von Vogelmiere und Vogelknöterich. Beeren interessieren die Heckenbraunelle nicht.

Kennzeichen: 15 cm; kräftig gebaut mit dickem Schnabel, oberseits braun gestreift, unterseits schmutzig grau, Männchen mit grauem Scheitel und schwarzem Kehllatz unterschiedlicher Größe, laut schwirrender Flug. Typische Lautäußerung ist das bekannte Schilpen. **Vorkommen:** Fast überall dort, wo Menschen siedeln. Innenstädte sind allerdings zunehmend spatzenfrei. **Nistplatz:** Spatzen sind findig. Wo Häuser Lücken und Spalten bieten, bauen sie ihre Nester. Dabei schaffen sie es noch, durch erstaunlich kleine Öffnungen hinter Verschalungen und unter Dächer zu kommen. Zunehmend werden solche Wohnräume aber versiegelt. Nistkästen können helfen, und weil ein Spatz selten allein kommt und kein eigenes Revier beansprucht, können es gerne „Mehrfamilienhäuser" sein. **Nahrung:** Allesfresser mit einem Faible für Getreide (Korn, Mais, Hirse, Reis; deshalb auch gern an Futterplätzen). Das hat ihm bis vor kurzem erbitterte Verfolgung eingebracht. Inzwischen gehen die Spatzenbestände großflächig zurück – der Haussperling braucht Schutz.

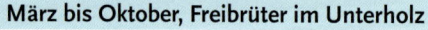

März bis Oktober, Freibrüter im Unterholz

ganzjährig, Brut an Gebäuden und in Nistkästen

Feldsperling

Bachstelze

Kennzeichen: 14 cm; Statur ähnlich Haussperling, durch braune Kappe und schwarzen Wangenfleck aber leicht unterscheidbar, Geschlechter gleich gefärbt. Schilpt ähnlich wie der Spatz, Rufe aber etwas kürzer und hölzerner klingend. **Vorkommen:** Seinem Namen entsprechend ein Vogel der offenen Agrarlandschaft mit Alleen und Hecken, Feldgehölzen und Streuobstwiesen, Waldrändern und Gehöften. Parks und Gärten werden ebenfalls besiedelt, Innenstädte aber gemieden. **Nistplatz:** Höhlenbrüter, der auch Nistkästen gerne nutzt. Die eigentliche Nestmulde wird mit Nistmaterial überwölbt, so dass oft der ganze Kasten ausgefüllt ist. Nistkästen sind auch als Übernachtungsplatz im Winter wichtig. **Nahrung:** Überwiegend Samenfresser, wobei Wildkräuter wie Gänsefuß, Vogelknöterich oder Vogelmiere und Wildgräser eine viel größere Rolle spielen als beim Haussperling. Am Futterhaus halten sie sich an kleine Sämereien und Fettfuttermischungen. Beeren werden nur gelegentlich gefressen. Die Jungen erhalten fast ausschließlich Insekten.

Kennzeichen: 16,5–19 cm; schlank mit dünnem Schnabel und langem Schwanz, der fast ständig in wippender Bewegung ist, Färbung schwarz, weiß und grau, im Sommer mit schwarzem Scheitel, Nacken und Latz, im Winter nur mit Brustband. Sehr auffälliger zweisilbiger „tsi-lipp-"Ruf. **Vorkommen:** Wasser ist keine Vorbedingung, aber förderlich. Kommt Wasser in offener Landschaft mit Viehhaltung zusammen oder gibt es genügend vegetationsfreie oder -arme Stellen zur Nahrungssuche, wird man die Bachstelze nicht lange suchen müssen. **Nistplatz:** Nischen an Gebäuden zählen heute zu den bevorzugten Brutplätzen der Bachstelze: unterm Dachfirst, auf Balkenvorsprüngen oder in Mauerlücken, in Kletterpflanzen oder alten Rauchschwalbennestern, an Brücken und Wehren – überall finden sich die unordentlich aus Halmen gebauten Nester. **Nahrung:** Bachstelzen sind fast ständig in Bewegung, meist emsig auf dem Boden trippelnd. Sie ernähren sich ausschließlich von Insekten, wobei Arten mit wasserlebenden Larven eine große Rolle spielen.

ganzjährig, Höhlenbrüter, Nistkasten auf S. 26

Februar bis November, Nistkasten S. 28

Buchfink

Bergfink

Kennzeichen: 15 cm; schlank und langschwänzig, mit kräftigem Schnabel, Männchen bunt mit blaugrauer Kappe, rötlicher Unterseite und zwei weißen Flügelbinden, Weibchen blasser. Ruft laut „pink" und ansteigend „hüitt", der laut schmetternde Gesang – als „Finkenschlag" bekannt – besteht aus einer Folge von in der Tonhöhe abfallenden Phrasen und einem Endschnörkel. **Vorkommen:** Eine der häufigsten Vogelarten, vom geschlossenen Wald über Feldgehölze, Streuobstwiesen, Parks und Gärten bis in die Innenstädte verbreitet, sofern einige größere Bäume Brutplätze bieten. **Nistplatz:** Für den Nestbau werden Laubbäume bevorzugt. Der tiefe Napf ist aus mehreren Schichten aufgebaut. Die äußere besteht aus Moos und wird mit Flechtenstückchen getarnt. Ein fester Rand schließt die Nestmulde aus Gräsern, Fasern, Haaren und eingewobenen Federn oben ab. **Nahrung:** Während der Brutzeit hauptsächlich Insekten, später Samen von Wildkräutern, im Herbst und Winter dann vor allem Baumsamen wie Bucheckern. An Futterplätzen machen Buchfinken sich eher rar.

Kennzeichen: 15 cm; Gestalt ähnlich Buchfink, am einfachsten am weißen (statt grünlichen) Bürzel, der dunklen Kappe und der orange getönten Brust unterscheidbar. Ruft laut und durchdringend nasal „quäik". **Vorkommen:** Die Brutgebiete des Bergfinks liegen in der Waldzone des Nordens von Skandinavien bis Ostasien. In Mitteleuropa ist der nahe Verwandte des heimischen Buchfinken Durchzügler und Wintergast, abhängig von Bruterfolg und Nahrungsangebot allerdings in stark wechselndem Ausmaß. **Nistplatz:** Moosnapf in Bäumen, bevorzugt in Fichten und Birken. **Nahrung:** Zur Brutzeit ausschließlich Insekten, im Winter in Skandinavien Samen der Vogelbeere, in Mitteleuropa hauptsächlich Bucheckern. In „Mastjahren" der Buche können sich lokal für mehrere Wochen Schlafplätze bilden, die allabendlich von Hunderttausenden oder gar Millionen von Vögeln aufgesucht werden – ein beeindruckendes Naturschauspiel! Bergfinken erscheinen dann auch in großen Trupps an Futterplätzen und interessieren sich dort vor allem für größere Samen wie Sonnenblumenkerne.

ganzjährig, Teilzieher, Nest auf Bäumen

Oktober bis April, häufig Wintergast am Futterplatz

Kernbeißer

Gimpel, Dompfaff

Kennzeichen: 17 cm; massig, mit großem Kopf und enormem Schnabel (im Sommer blaugrau, im Winter gelbbraun), bunt mit im Flug auffallend weißen Flügelstreifen und breiter Schwanzbinde. Oft sehr heimlich und durch sein lautes, prägnantes „pix!" leichter zu entdecken als mit dem Auge. **Vorkommen:** Eichen-Hainbuchenwälder oder reife Buchenwälder sind die bevorzugten Lebensräume des Kernbeißers, darüber hinaus auch Streuobstwiesen, Parks und Friedhöfe mit alten Bäumen. In den Garten locken ihn Winterfutterplätze. **Nistplatz:** Auch wenn man gelegentlich Kernbeißer von Waldwegen auffliegen sieht: Ihre Welt ist eher die der Baumkronen. Weit oben in Laubbäumen liegen auch in aller Regel die Nester. **Nahrung:** Sein starker Schnabel erschließt ihm Nahrungsquellen, die sonst kaum einer nutzen kann: Ab Juni findet man den großen Finken in Kirschbäumen, wo er Kerne knackt, im Winter ernährt er sich überwiegend von den in steinharte Früchte eingeschlossenen Samen der Hainbuche, um dann im Frühjahr auf Knospen umzusteigen.

Kennzeichen: 16 cm; dick und gemütlich wirkend, durch schwarze Kappe, leuchtend hellrote (Männchen) oder graue (Weibchen) Unterseite, weiße Flügelbinde und im Flug auffallend weißen Bürzel gekennzeichnet. Weiches, melancholisch abfallendes „djü". **Vorkommen/Nistplatz:** Wie viele andere Finken ursprünglich ein Waldvogel, der sich auch andere baumbestandene Lebensräume wie Parks, Friedhöfe und größere Gärten erschlossen hat. Zu einem vielfältigen Samen- und Beerenangebot müssen noch gute Verstecke für das Nest kommen, damit sich Gimpel wohlfühlen. Optimal sind unterholzreiche Nadel-Laubmischwälder. **Nahrung:** Überwiegend pflanzlich, wobei im Spätherbst die Samen von Kräutern und Stauden im Vordergrund stehen (zum Beispiel Brennnessel, Ampfer), im Winter die von Sträuchern und Bäumen (vor allem Vogelbeere, wobei das Fruchtfleisch wenig interessiert), während im Frühjahr von Samennahrung auf Knospen umgestiegen wird. Am Futterhaus fressen die gerne zu zweit auftretenden Gimpel kleinere Sämereien.

ganzjährig, baumreiche Gärten, am Futterplatz

ganzjährig, im Garten vor allem im Winter

Girlitz

Kennzeichen: 11 cm; klein, mit winzigem Schnabel, stark gestreift, Männchen mit viel Gelb an Kopf, Brust und Bürzel, Weibchen blasser, Jungvögel ohne Gelb. Flugruf hastig „girr-i-lit", Gesang hoch und schnell quietschend („ungeölter Kinderwagen"), oft von Antennen oder im taumelnden Singflug vorgetragen. **Vorkommen:** Der Girlitz ist ein Kulturfolger; seine höchsten Dichten erreicht er in abwechslungsreichen Siedlungen mit Bäumen und Sträuchern zum Brüten, Antennen oder Leitungsdrähten als Singwarten und freien Bodenflächen mit Ruderalflora („Unkrautfluren") zur Nahrungssuche. **Nistplatz:** Das Nest, ein ordentlich gebauter kleiner Napf, wird in guter Deckung gebaut, vermutlich ein Grund dafür, warum der Girlitz Nadelbäume bevorzugt. **Nahrung:** Überwiegend kleine Sämereien von Wildkräutern wie Hirtentäschelkraut, Löwenzahn und anderen. Während viele Finken ihre Jungen mit Insekten großziehen, verfüttern Girlitze einen Brei aus vorverdauten Sämereien. Anders als die meisten Samenfresser verlässt der Girlitz Mitteleuropa im Winter weitgehend.

Grünfink, Grünling

Kennzeichen: 15 cm; grau, grün und gelb mit kräftigem, hellem Kegelschnabel, beide Geschlechter mit (vor allem im Flug auffallendem) gelbem Flügelfeld und gelber Schwanzbasis, Männchen auch mit deutlich grünlicher Körperfärbung. Lautes, kanarienvogelartiges Trillern und raues, nasal abfallendes, gedehntes Knätschen „dschrüüi". **Vorkommen:** Abgesehen von dichten Wäldern und baumloser Agrarsteppe kann man Grünfinken fast überall antreffen. Abwechslungsreiche, mit Gärten und Bäumen durchsetzte Siedlungen bieten ihm hervorragende Lebensbedingungen. **Nistplatz:** Die Brut beginnt schon lange bevor die Laubbäume austreiben; deshalb werden die Nester gerne in immergrüne Gehölze gebaut. **Nahrung:** Grünfinken haben ein sehr großes Nahrungsspektrum: kleine Samen wie die des Beifuß' oder große wie Bucheckern, weiche Früchte wie Hagebutten oder harte (selbst Hainbuchenfrüchte werden geknackt), Blüten oder Blätter wie die der Vogelmiere ... Futterhäuser sind Grünfinken-Paradiese. Ausgesprochen streitlustig vertreiben sie Mitesser gerne.

März bis Oktober, Brut in Nadelbäumen

ganzjährig, Brut in Nadelbäumen, am Futterhaus

Stieglitz, Distelfink

Erlenzeisig

Kennzeichen: 12,5 cm; zierlich, mit langem, spitzem, hellem Schnabel, roter Gesichtsmaske und markant schwarz-weiß-gelben Flügeln, auffallend hektisch. Ruft hell „stigelitt", oft im Flug zu hören. **Vorkommen:** Während der Brutzeit Waldränder, Streuobstwiesen, Parks und große Gärten, die sich durch ein gutes Angebot an Stauden- und Kräutersamen auszeichnen, anschließend in kopfstarken Trupps auf großen Brachflächen oder Hochstaudenfluren. **Nistplatz:** Stieglitze nisten im äußeren Kronenbereich von Laubbäumen. Auch während der Brutzeit sind die kleinen Finken sozial: Mehrere Nester können dicht benachbart sein. **Nahrung:** Samen-Spezialist, der im Winter (soweit nicht weggezogen) Erlen besucht, bereits im frühen Frühjahr aber auf Frischkost umsteigt (Huflattichsamen). Später wird ein breites Artenspektrum genutzt, unter anderem Disteln und Karden. Wird das Staudenbeet nicht abgeräumt, erscheinen die bunten Vögel im Herbst oft im Garten. Die kleinen Finken mit dem Pinzettenschnabel sind äußerst geschickt bei der Samenernte.

Kennzeichen: 12 cm; gelbgrün mit fein gestreifter Ober- und Unterseite, im Sitzen wie Fliegen auffallend gelbe Flügelbinde, tief gekerbter Schwanz, Männchen kontrastreicher und mit schwarzem Scheitel. Typisch sind leicht melancholische Rufe „düih" und ein lang anhaltender, schnell schwätzender Gesang. **Vorkommen:** Zur Brutzeit an Wälder gebunden und dort vor allem an samentragende Fichten. Im Herbst und Winter in großen Trupps weit umherstreifend und sich überall dort länger aufhaltend, wo größere Bestände von Erlen und Birken wachsen. **Nistplatz:** Nest hoch in Bäumen, vor allem in dichten Fichten. **Nahrung:** Während der Brutzeit sollte er eher „Fichtenzeisig" heißen, später macht er seinem Namen Ehre: Schwarz- und Grauerle werden schon vor der Samenreife und dann den ganzen Winter hindurch intensiv genutzt. An sonnigen Wintertagen gehört das Schwätzen der Zeisige zu den erlengesäumten Bachläufen. An Futterplätzen nutzen Zeisige gerne Meisenknödel, auf denen sie sich ebenso akrobatisch bewegen wie in den Baumkronen.

ganzjährig, Teilzieher, im Garten v. a. im Herbst

ganzjährig, Teilzieher, im Garten Wintergast

Bluthänfling

Goldammer

Kennzeichen: 13 cm; klein, mit kurzem Schnabel, Männchen mit grauem Kopf, kastanienbraunem Rücken, roter Stirn und roter Brust, Weibchen ohne Rot, weißes Flügelfeld vor allem im Flug zu sehen. Ruft (ab)fliegend klappernd „geg geg", ähnliche Laute werden auch in den Gesang eingebaut. **Vorkommen:** Wärmeliebender Brutvogel offener Landschaften. **Nistplatz:** Auf Bäume kann der Hänfling verzichten: Anders als die meisten verwandten Finkenvögel baut er sein Nest oft gut versteckt in niedrigen Sträuchern oder sogar am Boden. Erhöhte Sitz- und Singwarten genügen dem Männchen, um sein leuchtendes Rot angemessen zur Geltung zu bringen. **Nahrung:** Stimmt die Nahrungsbasis, brüten Hänflinge auch in Gärten, gerne in Dornsträuchern oder immergrünen Gehölzen (etwa Wacholder): Sämereien von Kräutern und Stauden müssen es sein. Baumsamen oder solche, die erst von fleischigen Fruchthüllen befreit werden müssen, werden nicht geschätzt. Damit ist der Hänfling weitgehend abhängig von den Pflanzen, die gemeinhin zum „Unkraut" gezählt werden.

Kennzeichen: 16 cm; Männchen mit leuchtend gelbem Kopf und Unterseite und braun gestreiftem Rücken; im Winter wie die Weibchen nur mit wenig Gelb am Kopf, aber am rostbraunen Bürzel (der beim Auffliegen auffällt) gut zu erkennen. Der Gesang, schnell und in gleicher Höhe beginnend und mit einem tieferen längeren Ton endend („wie wie wie hab ich dich liiieeeb"), ist ebenso charakteristisch wie die Rufe, ein scharfes „tsit" und ein raues „stüff". **Vorkommen:** Typischer Vogel der von Hecken durchzogenen bäuerlichen Kulturlandschaft. **Nistplatz:** Nest gut versteckt am Erdboden oder im Gebüsch knapp darüber. **Nahrung:** Im Sommer eher Insektenfresser, im Winter überwiegt pflanzliche Nahrung, darunter vor allem Grasfrüchte. Neben Wildgräsern spielt Getreide eine große Rolle. Dreschplätze, früher Treffpunkte großer Trupps, sind heute weitgehend verschwunden. Futterstellen für Fasanen sind ein kleiner Ausgleich. Winterfütterungen in Gärten werden nur in Ortsrandlage besucht; dort bleiben Goldammern am Boden und picken gerne Hafer oder Haferflocken.

ganzjährig, Teilzieher, Brut in Sträuchern

ganzjährig, Teilzieher, nur im Winter im Garten

Vogeleier

Wenn Jungvögel schlüpfen, öffnen sie das Ei immer auf ähnliche Weise. Mit dem Schnabel, der durch die weißliche harte Spitze des Eizahns extra verstärkt ist, picken sie zunächst ein Luftloch in die Schale und anschließend in stundenlanger Arbeit einen Kreis von Löchern. Schließlich sprengt das Küken das am Kopf liegende stumpfe Ende des Eies ab. Die Eischalen werden anschließend von den Eltern entsorgt. Sie werden, ebenso wie der Kot der Jungvögel, weitab vom Nest deponiert, so dass kein Nestfeind aufmerksam wird. Deshalb findet man immer wieder die typischen „halben" Eier im Garten. Ein Blick ins Innere auf das von Adern überzogene Eihäutchen überzeugt uns, dass der Jungvogel erfolgreich geschlüpft ist. Ausgefressene Eier sind meist von der Seite geöffnet und enthalten gewöhnlich noch Reste von Eigelb.

Die wenigsten Vogeleier sind rein weiß oder einfarbig, wie wir das von Haushuhneiern gewohnt sind. Mithilfe von Größe, Form, Grundfarbe und Färbungsmuster lassen sich viele gut bestimmen.

Buchfink
(–> Seite 70)

Haussperling
(–> Seite 68)

Bluthänfling
(–> Seite 74)

Stieglitz
(–> Seite 73)

Grünling
(–> Seite 72)

Goldammer
(–> Seite 74)

Bachstelze
(–> Seite 69)

Gartenbaumläufer
(–> Seite 62)

Grauschnäpper
(–> Seite 66)

Kleiber
(–> Seite 62)

Kohlmeise
(–> Seite 58)

Sumpfmeise
(–> Seite 59)

Blaumeise
(–> Seite 57)

Zilpzalp
(–> Seite 60)

Mönchsgrasmücke
(–> Seite 61)

Klappergrasmücke
(–> Seite 61)

Rotkehlchen
(–> Seite 66)

Mauersegler
(–> Seite 54)

Zaunkönig
(–> Seite 63)

Hausrotschwanz
(–> Seite 67)

Gartenrotschwanz
(–> Seite 67)

Singdrossel
(–> Seite 65)

Amsel
(–> Seite 64)

Star
(–> Seite 63)

Rabenkrähe
(–> Seite 57)

Rauchschwalbe
(–> Seite 59)

Elster
(–> Seite 55)

Heckenbraunelle
(–> Seite 68)

Dohle
(–> Seite 56)

Mehlschwalbe
(–> Seite 60)

Turmfalke
(–> Seite 52)

Eichelhäher
(–> Seite 56)

Sperber
(–> Seite 52)

Pflanzen für Vögel

Pflanzen im Garten

Gedeckter Tisch für Gartenvögel: Zwischen Königskerze, Natterkopf und Reseda brummt die Luft von Insekten, huschen Spinnen über den offenen Boden, blühen und fruchten verschiedene Wildkräuter.

Fast unermesslich ist die Zahl der Pflanzenarten, die für einen Garten in Frage kommen. Selbst wer sich – im Sinne eines reinen Naturgartens – strikt auf heimische Arten begrenzt, hat in aller Regel viel mehr Möglichkeiten als Platz. Die hier vorgestellte kleine Auswahl kann deshalb nur Impulse geben. Sie enthält einerseits einige Bäume und Büsche, die als Brutraum und Nahrungsquellen große Bedeutung haben, andererseits Stauden und Kräuter, an denen sich Vögel direkt (meist über Samen) oder indirekt (über Insekten) versorgen. Ein Garten, der gut ist für Insekten, ist automatisch auch gut für Vögel. Eine gut ausgewählte Bepflanzung mit Blüten, die Nahrung für eine Vielzahl von Insekten bietet, ist einer der Schlüssel zur Vielfalt im Garten.

RUDERALFLORA – MUT ZUR LÜCKE

Das lateinische Wort rudus bedeutet Schutt. Ruderalflora stellt sich dort spontan ein, wo heftige Eingriffe in die Landschaft die natürliche Vegetation zerstört haben. Erstaunlich, welche Vielfalt innerhalb kurzer Zeit an Wegrändern, Schuttplätzen, Gleisanlagen und Großbaustellen blüht. Die meisten Ruderalpflanzen liefen früher unter dem Begriff „Unkraut". Heute sind viele dieser „Unkräuter", von denen zahllose heimische Tierarten abhängen, selten geworden. „Mut zur Lücke" heißt im Garten, die Ansiedlung solcher Wildkräuter nicht gleich zu unterbinden, sondern vielleicht sogar zu fördern. Das kann man erreichen, in dem man offene Stellen – also Lücken – gezielt schafft und die spontane Entwicklung von Wildkräutern zulässt. Körnerfresser wie der Bluthänfling (–> Seite 74) sind dafür ebenso dankbar wie viele Insekten und mit diesen auch Insektenfresser wie Hausrotschwanz (–> Seite 67) und Bachstelze (–> Seite 69), auf offenen Böden viel leichter Nahrung finden als in dichter Vegetation.

(–> Seite 74) ... (–> Seite 67) ... (–> Seite 69)

EXPERTEN-TIPP

Heimische Wildpflanzen kann man sich über Spezialgärtnereien besorgen, leicht aber auch selber ziehen. Natürlich sollte man nicht mit dem Spaten wildern. Samen lassen sich jedoch leicht gewinnen. Dabei kann man sich auch einen Eindruck vom natürlichen Wuchsort machen – wichtig für die Standortwahl im Garten.

Pflanzenporträts

Eiche
Quercus robur

Hainbuche, Weißbuche
Carpinus betulus

In kleinen Vorgärten ist kein Platz für Bäume, schon gar nicht für Eichen, die mit ihren waagerecht abstehenden Hauptästen gewaltigen Raum einnehmen. Wer einen wirklich großen Garten hat, findet aber keine Alternative zur Eiche: Es gibt keine andere Baumart, mit der sich auf einen Schlag so viele Tierarten glücklich machen lassen. Zahllose Insekten sind auf Eichen spezialisiert. Die raue Borke bietet ideale Verstecke und Widerlager zum Aufmeißeln von Körnern (oder Eicheln). Natürliche Nisthöhlen in alten Bäumen sind oft über viele Jahre in Betrieb.

Herrscht Platzmangel im Garten, lassen sich Hainbuchen zu schmalen Hecken, idealen „lebenden Zäunen" schneiden. Zwar sind sie sommergrün, behalten aber das dürre Laub bis zum nächsten Frühjahr. Damit ist Sichtschutz im Winter ebenso garantiert wie Fluchtraum für Gartenvögel. Auch die bei Finken (vor allem Kernbeißern und Grünfinken, aber auch Kreuzschnäbeln und Gimpeln) beliebten Samen bleiben am Baum. Sie entwickeln sich allerdings nicht an zur Hecke geschnittenen Pflanzen, sondern nur an wenigstens zehnjährigen Einzelbäumen.

Mächtiger und sehr alt werdender Baum aus der Familie der Buchengewächse (Fagaceae), bis zu 45 m hoch und bis zu 3 m Durchmesser. Blütezeit mit dem Blattaustrieb April bis Mai; Früchte (Eicheln) ab Oktober. In Laubwäldern oder einzeln stehend, vor allem auf frischen, tiefgründigen Böden.

Leicht beschneidbarer oder auf Stock zu setzender, meist nur bis zu 20 m hoher Baum aus der Familie der Birkengewächse (Betulaceae), Blüte vor Blattaustrieb im März/April. Früchte kleine, mit einem dreilappigen als Flugapparat dienenden Tragblatt verbundene Nüsschen, ab September. Mäßig nährstoffreiche und feuchte Böden.

Hasel
Corylus avellana

Salweide
Salix caprea

Verschiedene Dinge machen die Haselnuss für den Garten interessant. Sie wächst schnell, wird dabei aber nicht allzu groß. Weil sie keinen Hauptstamm hat, sondern aus gleichwertigen Trieben aufgebaut ist, bietet sie guten Sichtschutz. Und wenn sie einem über den Kopf wächst: Kein Problem, weil Haseln einfach auf Stock gesetzt werden können. Die Pollen der bereits im Spätwinter blühenden Sträucher sind die erste Nahrung, die Honigbienen und Hummeln, Schwebfliegen und Schmetterlingen zur Verfügung steht und damit auch viele insektenfressende Vögel anlockt.

Die Bienenweide schlechthin: Eine blühende Salweide im Frühjahr ist schon mit geschlossenen Augen erkennbar, so laut kann es um sie herum brummen und summen. Zwischen den oft vorherrschenden Honigbienen sind bei genauerem Hinsehen meist eine Vielzahl anderer Insekten auszumachen, manche von ihnen frisch aus dem Winterversteck erwacht, viele auch auf eine kurze Flugzeit im Frühjahr beschränkt. Mit den Insekten kommt der Zilpzalp, der seinen Zweitnamen „Weidenlaubsänger" nicht umsonst trägt. Als einer der ersten Insektenfresser kehrt er ins Brutgebiet zurück.

Wenige Meter hoher Strauch aus der Familie Birkengewächse (Betulaceae). Blüht bereits im Februar bis April, wobei vor allem die männlichen Blütenkätzchen auffallen, während man die weiblichen Blüten suchen muss; reife Nüsse ab September. Waldränder, Hecken, Feldgehölze auf nährstoffreichen, frischen Böden.

Niedriger Strauch oder kleiner, bis zu 9 m hoch werdender Baum aus der Familie der Weidengewächse (Salicaceae), der extrem schnell wächst, aber auch radikal beschnitten werden kann. Die Weidenkätzchen – männliche Blütenstände – blühen im März und April. Salweiden bevorzugen frische oder feuchte nährstoffreiche Böden.

Vogelbeere
Sorbus aucuparia

Apfelbaum
Malus domestica/Malus sylvestris

Wie viele Rosengewächse hat auch die Vogelbeere doppelten Nutzen: Im Frühjahr locken die merkwürdig „duftenden" Blütenstände in großer Zahl Insekten an, neben Bienen vor allem Käfer und Fliegen. Im Herbst und Winter sind es die Beeren, die ihren Namen nicht umsonst tragen. Roh sind sie für Menschen leicht giftig, gekocht ergeben sie eine gute Marmelade. Vögel und Eichhörnchen nutzen Vogelbeeren in großem Stil erst nach dem ersten Frost – größere Bäume stellen dann einen guten Wintervorrat für Drosseln, Finken wie den Gimpel und sehr viele andere Arten.

Einen Apfelbaum pflanzt man natürlich vor allem um des Obstes willen. Darüber hinaus sind vor allem hochstämmige Sorten auch bei vielen Tieren beliebt. Die Blüten werden von Bienen ihres besonders zuckerreichen Nektars (75 Prozent!) wegen bevorzugt angeflogen. Auch später sind Obstbäume sehr insektenreich. Ein Nistkasten im Apfelbaum hilft gegen allzu großen Schaden durch Insekten – dieser Aspekt war es, der vor über 100 Jahren den Vogelschutz mit dem Nistkasten populär machte. Im Herbst lockt das (Fall-)Obst Drosseln in den Garten, die Apfelschnitze auch an Winterfutterplätzen schätzen.

Schmächtiger, zur Familie der Rosengewächse (Rosaceae) gehörender Laubbaum von maximal 16 m Höhe, schnellwüchsig und kurzlebig. Blüht in reichen weißen Doldenrispen Mai bis Juni, fruchtet mit orangefarbenen Beeren ab Spätsommer. Lichte Wälder, Waldränder, ehemalige Kahlschläge, Hecken und Feldgehölze.

Vom auch heute noch wild an Waldrändern wachsenden, zu den Rosengewächsen (Rosaceae) zählenden Holzapfel stammen zahlreiche Kultursorten ab. April bis Mai ist Blütezeit, während die Äpfel zwischen Juli und November reif werden. Alte regionale Sorten sind den Standorten oft besser angepasst als Allerweltssorten.

Abendländischer Lebensbaum

Thuja occidentalis

Thuja, erst im Jahr 1536 aus Amerika nach Europa gebracht, gilt als ökologisch nicht korrekt und ist im Naturgarten verpönt. Im Winter bieten die dichten Bäumchen den Gartenvögeln aber guten Schutz vor Wind und Wetter. Spatzen verbringen hier gerne ihre Ruhepausen, Finken beschäftigen sich oft stundenlang damit, die leicht zugänglichen Samen zu ernten. Die früh im Jahr mit der Brut beginnenden Grünfinken und Bluthänflinge bauen auch ihre Nester gerne gut versteckt im immergrünen Gezweig. Fazit: Ein oder zwei Thujabäumchen im Garten brauchen noch kein schlechtes Gewissen zu machen!

Weißdorn

Crataegus-Arten

Der Weißdorn gehört zu den vielseitigsten Gehölzen. Die eigenartig duftenden weißen Blüten produzieren reichlich Nektar und sind damit für viele Insekten bis hin zum Rosenkäfer höchst attraktiv. Im dichten Gezweig und von den vor allem an den jungen Trieben stehenden Dornen geschützt lassen sich gut Nester bauen; zusätzliche Verzweigungen können durch gezielten Schnitt leicht geschaffen werden (–> Seite 31). Schließlich trägt er auch die roten Früchte, von denen Vögel weniger das mehlige Fruchtfleisch als die davon befreiten Kerne gerne fressen.

Immergrüner Nadelbaum aus der Familie der Zypressengewächse (Cupressaceae), der bei uns 6–10 m hoch wird. Zapfen 1–2 cm lang, dünnholzig, öffnen sich beim Reifen und geben die geflügelten Samen frei. Trotz des Namens „Lebensbaum", der darauf anspielt, dass die Pflanze immergrün ist: Thuja ist giftig.

Wenige Meter hohe Sträucher aus der Familie der Rosengewächse (Rosaceae), leicht zu beschneiden, deshalb auch als Heckenpflanze geeignet. Blütezeit Mai bis Juni, Früchte ab September. Waldränder und Feldgehölze. Der Eingriffelige Weißdorn mag es eher warm, der Zweigriffelige Weißdorn etwas feucht und schattig.

Blutroter Hartriegel
Cornus sanguinea

Schwarzer Holunder
Sambucus nigra

In kleinen Gärten ist der Weißdorn erste Wahl, aber auch der ebenso leicht zu beschneidende Hartriegel ist eine wertvolle Ergänzung für Hecken und Grenzgebüsche. Überdies überzeugt der Hartriegel nicht nur als Pflanze für Vögel, sondern auch ästhetisch durch sein schönes Laub und die Herbstfärbung. Im Frühjahr finden sich hier ähnliche Insekten ein wie auf dem Weißdorn (vor allem Fliegen- und Käferarten, aber auch Bienen), die Früchte sind dagegen saftiger und locken eher am Fruchtfleisch interessierte Grasmücken als Kerne fressende Finken an.

Aus Vogel- wie aus Menschenperspektive (Blüten: Fliedersekt, Holundersirup, Tee, Hollerkuchen; Früchte: Saft, Marmelade) gehört der Holunder zu den vielseitigsten Sträuchern. Zwar bietet der Weißdorn bessere Brutmöglichkeiten, als Nahrungspflanze ist der Holunder aber unübertroffen. Die Blütenstände wimmeln oft von Insekten. Die Früchte werden von sehr vielen Gartenvögeln besonders geschätzt. Aus auf 15 cm Länge geschnittenen Wasserreisern lassen sich Nisthilfen für Wildbienen herstellen; zum Wohnungsbau höhlen die Insekten das weiche Holundermark aus.

Wenige Meter hoher Busch (Familie Hartriegelgewächse, Cornaceae), junge Zweige mit roter Rinde, im Herbst auch lebhaft rot gefärbte Blätter. Kleine weiße Blüten in auffälligen schirmförmigen Dolden im Mai und Juni, schwarze beerenartige Steinfrüchte ab September. Gerne auf frischen Böden.

Wenige Meter hoher, schnellwüchsiger, zu den Holundergewächsen (Sambucaceae) zählender Strauch mit tief gefurchter Borke. Blüht in duftenden blütenreichen weißen Trugdolden im Mai/Juni und fruchtet im August/September. Feuchte nährstoffreiche Böden, vom tiefen Schatten bis in die volle Sonne.

Gemeiner Liguster
Ligustrum vulgare

Gemeines Pfaffenhütchen
Euonymus europaeus

Liguster ist vor allem als Heckenpflanze beliebt, weil er sich besonders leicht in Form schneiden lässt und sein Laub in milderen Lagen auch im Winter noch lange behält, so dass Sichtschutz gewährleistet ist. Allerdings blüht und fruchtet so geschnittener Liguster selten. Anders, wenn er als Busch oder, noch besser, kombiniert mit Weißdorn und Hartriegel als Wildhecke gepflanzt wird. Dann ergänzt er das Blüten- und Fruchtangebot der anderen hervorragend. Während zum Beispiel Holunderbeeren reichlich, aber nur kurz zur Verfügung stehen, bleiben Ligusterfrüchte lang am Busch.

Während die kleinen weißlichen Blüten zwar Insekten anziehen, trotzdem aber leicht übersehen werden, sind die Früchte umso auffälliger: eine schrille Kombination von leuchtend rosavioletten Hüllen und orangefarben ummantelten weißen Samen, die aus der unten aufspringenden Fruchtkapsel hängen. Sie sind es auch, die Vögel locken, und zwar neben den körnerfressenden Finken vor allem Rotkehlchen. Als „Rotkehlchenbrot" bezeichnete Johann Friedrich Naumann, der Begründer der wissenschaftlichen Vogelkunde, das Pfaffenhütchen bereits im Jahr 1822.

Niedriger, pflegeleichter Strauch aus der Familie der Ölbaumgewächse (Oleaceae) mit kleinen, dunkelgrün glänzenden Blättern; blüht im Juni und Juli mit kleinen weißen Blüten in dichten Rispen, die schwarzen Beeren werden im September reif. Sonnige Waldränder und Gebüsche auf kalkhaltigem Boden.

Das nur wenige Meter hoch werdende sommergrüne Pfaffenhütchen, ein Baumwürgergewächs (Celastranaceae), blüht im Mai/Juni. Auffällig wird es erst später, einerseits durch die bunten Früchte (August/September), andererseits durch die rötliche Herbstfärbung. Nährstoffreiche, nicht zu trockene Waldränder und Gehölze.

Heckenrose, Hundsrose
Rosa canina

Brombeere
Rubus fruticosus

Ein Streifzug durch verschiedene Gärten zeigt: Rosen sind extrem vielgestaltig. Etwas fürs Auge, aber weniger für den Naturschutz, sind die Edelrosen. Die schlichte Heckenrose ist für Tiere viel interessanter: Blüten für Insekten, stachlige Ranken als Schutz für Nistplätze, Hagebutten als Nahrung im Herbst und oft noch lange in den Winter hinein. Wer besonderen Wert auf Hagebutten zur Eigennutzung (Marmelade) oder als Vogelnahrung legt, kann auch die aus Ostasien stammende Kartoffelrose *(Rosa rugosa)* pflanzen und damit Grasmücken, Drosseln und Grünfinken eine Freude machen.

Wenig bietet einen so guten Schutz gegen Nesträuber wie dichte Brombeerranken. Weder Bodenfeinde wie Katzen noch Elstern und Krähen, die aus der Luft gefährlich werden können, trauen sich in das Stacheldickicht. Voraussetzung ist natürlich, dass man nicht auf die immer beliebteren stachellosen Sorten zurückgreift, die dem Gärtner das Beerenpflücken ohne Blutverlust erlauben. Hängen gebliebene Beeren werden gerne von Drosseln und Grasmücken gefressen. Aber auch als Nektarpflanze sind Brombeeren wertvoll. Bienen und vor allem Hummeln besuchen die rosaroten Blüten sehr gerne.

Heckenrosen (Rosengewächse, Rosaceae) sind Spreizklimmer, die sich mit Hilfe ihrer stacheltragenden Triebe in Gebüschen, an Hecken und an Waldrändern bis in 3 m Höhe hocharbeiten. Sie sind nicht besonders anspruchsvoll, schätzen aber wärmere Standorte mit tiefgründigen, nicht zu sauren Lehmböden.

Die Brombeere gibt es nicht: Botaniker unterscheiden mehrere hundert Arten innerhalb der zu den Rosengewächsen (Rosaceae) gehörenden Brombeer-Verwandtschaft. Entsprechend unterschiedlich sind Blütezeiten, Fruchtformen, Geschmack und die Ansprüche an den Standort. Manche der Arten bleiben auch im Winter grün.

Löwenzahn
Taraxacum officinale

Löwenzahn gilt im Garten eher als Unkraut. Bienen sehen das anders: Sie besuchen die gelben Blütenköpfe in großer Zahl. Bereits lange bevor die Samen, an den typischen Schirmchen hängend, per Windstoß auf die Reise gehen, ziehen sie Vögel an. Die reifen Löwenzahnsamen enthalten bis zu 20 Prozent Öl und sind eine ergiebige Energiequelle für zahlreiche Vogelarten – ein guter Grund, wenigstens einige der gelben Frühjahrsboten im Rasengrün zu belassen. Viele Finkenarten ernten aber bereits die unreifen („milchreifen") Samen; besonders für Grünfinken sind sie auch eine wichtige Nahrung zur Jungenaufzucht.

Wegwarte
Cichorium intybus

Die ehemalige Kulturpflanze (die geröstete Wurzel ergibt Zichorienkaffee) ist auch in freier Wildbahn weitverbreitet, wird dagegen in Gärten nur selten kultiviert. Als Einzelpflanze an Weg- und Mauerrändern ist sie attraktiv und sehr pflegeleicht. Hitze und Trockenheit setzen ihr kaum zu. Wegwarten blühen lange Zeit, wobei jede der auffälligen Blüten nur einen Vormittag geöffnet ist und dann von einer Vielzahl von Wildbienen- und Schwebfliegenarten besucht wird. Im Herbst locken Wegwarten Finken an; vor allem Stieglitze setzen sich gerne in die sparrigen Pflanzen und holen sich die Samen.

Ausdauernder Korbblütler (Cichoriaceae) mit kräftiger Speicherwurzel, Blattrosetten am Boden und bis zu 5 cm großen gelben Körbchenblüten mit je etwa 200 Zungenblüten. Blütezeit April bis September; Früchte ab Mai. Nährstoffreiche, bodenfeuchte Böden, massenhaft auf gut gedüngten Wiesen.

Ausdauerndes sommergrünes Korbblütengewächs (Cichoriaceae), meist 50–100 cm hoch, mit 3–4 cm großen blauen „Blüten", die aus zahlreiche Zungenblüten zusammengesetzt sind; Blütezeit Juli bis Oktober. Früchte August bis Oktober. Sonnige Wegränder, lückige Ruderalstandorte, stickstofffreie Böden.

Karde
Dipsacus fullonum

Kugeldistel
Echinops sphaerocephalus

Die blassvioletten Blüten der Karde öffnen sich zunächst in der Mitte des Blütenstandes; später gehen sowohl die Blüten unterhalb als auch oberhalb auf, so dass zwei wandernde Blütenkränze entstehen. Der Nektar ist am Grund der engen Blüten nur Schmetterlingen und langrüsseligen Hummeln zugänglich. Sie besuchen die Karden deshalb mit Vorliebe. Im Herbst gilt dasselbe für Stieglitze. Ihnen stehen die Kardensamen dank ihres langen und spitzen Schnabels nahezu exklusiv zur Verfügung; sie bilden eine wichtige Herbst- und Winternahrung für die bunten Finken. Karden schmücken bis weit in den Winter.

Die kleinen Blüten der Kugeldisteln liefern reichlich Nektar, der aber nur für Insekten mit langem Rüssel wie Schmetterlinge oder langen „Zungen" wie (Wild-) Bienen und Hummeln leicht zugänglich ist. Kugeldisteln werden deshalb gerne in Naturgärten gepflanzt. Natürlich profitieren die Insektenfresser unter den Vögeln von Pflanzen, die Insekten Nahrung bieten. Aber Kugeldisteln sind auch direkte Nahrungslieferanten: Im Herbst werden die runden Köpfe gerne von Finken geplündert, die sich auf hohen Stängeln besonders geschickt bewegenden Stieglitze allen voran.

Zweijähriges, bis zu 2 m hohes Kardengewächs (Dipsacaceae) mit ziemlich dornigem Stängel und Blättern und auffälligen Blütenständen, langen Walzen mit kleinen lilafarbenen Blüten. Blütezeit Juli bis August, Früchte ab September/Oktober. Nährstoffreiche Ruderalstandorte, Wegränder.

Zweijährige bis ausdauernde Staude aus der Familie der Korbblütler (Asteraceae), 60–120 cm hoch, mit kugeligen Blütenständen, die sehr viele kleine blaue Blüten tragen. Blütezeit Juni bis August, Früchte ab September/Oktober. Aus Südeuropa stammende Zierpflanze auf trocken warmen, nährstoffreichen Böden.

Schafgarbe
Achillea millefolium

Kanadische Goldrute
Solidago canadensis

Im Garten ist die Schafgarbe eher ein Fall für die Blumenwiese als fürs Beet. Die beim Gärtner für die Staudenbeete angebotenen Varianten sind oft auf Schönheit gezüchtet und bieten weniger Nektar als die Wildform; man besorgt sich also am besten Saatgut aus der Umgebung. Schafgarben werden gerne von Insekten besucht, die offen angebotenen Nektar schätzen: Fliegen (darunter viele Schwebfliegen), Ameisen, kleine Käfer. Die Samen der Schafgarbe sind zwar klein, enthalten aber 20 Prozent Öl und werden besonders von Finken geschätzt.

Eine Pflanzempfehlung mit schlechtem Gewissen: Die aus Kanada stammende Art bildet mittlerweile große Bestände im Freiland und steht im Verdacht, heimische Arten zu verdrängen. Ihr Standort im Garten sollte so gewählt werden, dass ihre zahlreichen unterirdischen Ausläufer rechtzeitig gekappt werden können. Trotzdem: Im Herbst gibt es keine bessere Nahrungspflanze für viele Insekten. Oft wimmeln die Blütenstände von zahllosen Fliegenarten, Wespen, Bienen, Ameisen und, angelockt vom Insektenreichtum, jagenden Hornissen.

Ausdauernder, krautiger Korbblütler (Asteraceae), 30–60 cm hoch, mit weißen Blütenständen, die zu einer Trugdolde vereint sind. Blütezeit Juni bis Oktober, Früchte ab August. In Fettwiesen und -weiden ebenso wie in Halbtrockenrasen oder an Weg- und Waldrändern auf nicht zu nährstoffarmen Böden.

Ausdauerndes, krautiges, nicht heimisches Korbblütengewächs (Asteraceae), bis zu 250 cm hoch, mit sehr vielen winzigen Einzelblüten, die in leuchtend gelben, bogig gekrümmten Trauben angeordnet sind. Blütezeit August bis November. Gedeiht am besten auf feuchten, nährstoffreichen Böden.

Wilde Möhre
Daucus carota

Vogelmiere
Stellaria media

Die Wilde Möhre steht hier stellvertretend für eine ganze Familie, die der Doldenblütler *(Apiaceae)*. Ob Wilde Möhre oder Engelwurz *(Angelica sylvestris)*, Kälberkropf *(Chaerophyllum)* oder Giersch *(Aegopodium podagraria)*, Wiesenkerbel *(Anthriscus sylvestris)* oder Bärenklau *(Heracleum sphondylium)* – alle haben einen vergleichbaren Blütenstand mit kleinen weißen, in großen Dolden vereinten Blüten, die durch ihren Nektarreichtum Insekten in großer Zahl anlocken. Weil der Nektar offen angeboten wird, sind Doldenblütler hauptsächlich bei Fliegen und Käfern beliebt.

Die Vogelmiere trägt ihren Namen nicht umsonst. Blattstückchen und Samen werden von vielen Gartenvogelarten sehr gerne gefressen, ob von Buch- oder Grünfink, Erlenzeisig, Bluthänfling, Girlitz oder Kernbeißer. Grund genug, das fast ganzjährig wachsende und grüne „Unkraut" stehen zu lassen, das als Bodendecker, der selbst im Winter vor Erosion und Austrocknung schützt, gute Dienste leistet. Notfalls ist die nur flach wurzelnde Vogelmiere auch schnell ausgerauft. Als Insektenblume spielt die Miere keine große Rolle; sie bestäubt sich meist selbst.

Die zweijährige wilde Stammform der Karotte wird 30–100 cm hoch und blüht von Juni bis September auf trockeneren, nährstoffreichen Wiesen, aber auch an Ruderalstandorten. An dem vogelnestartigen Blütenstand, in dessen Zentrum oft ein purpurroter Punkt steht, ist sie leicht von anderen Doldenblütlern zu unterscheiden.

Einjähriges Kraut aus der Verwandtschaft der Nelkengewächse (Caryophyllaceae), niederliegend am Boden wachsend, mit kleinen weißen Blüten. Blütezeit März bis Oktober. Auf frischen, sehr nährstoffreichen Böden, typisches „Unkraut" auf Äckern, Ruderalstellen, entlang von Wegen und in Gärten.

Wilder Wein, Jungfernrebe

Parthenocissus-Arten

Blühend zieht der Wilde Wein im späten Frühling und Frühsommer vor allem Bienen an. Im dichten Blattwerk finden dann Vögel sowohl Nahrung als auch Nistmöglichkeiten. Schließlich überzeugt der Wilde Wein im Herbst doppelt: einerseits durch die kleinen blauen Beeren, die vor allem von Drosseln gerne gefressen werden, andererseits durch eine wunderschöne Rotfärbung. Nach dem ersten stärkeren Frost ist allerdings Schluss mit der Pracht. Im Winter präsentiert sich die Hauswand weitgehend kahl. Die Pflanze mag etwas Sonne. An reinen Nordseiten wächst sie nur langsam.

Die ursprünglich nicht heimische Gattung *Parthenocissus* gehört zu den Weinrebengewächsen (Vitaceae). Arten mit verschiedenen Blattformen stehen zur Auswahl, darunter mit *P. inserta* auch eine, die ein Spalier braucht. Andere heften sich mit Haftscheibenranken fest an und können bis zu 15 m hohe Mauern überwachsen.

Efeu

Hedera helix

Anders als der Wilde Wein ist der Efeu ein Wurzelkletterer. Feinste Würzelchen wachsen an den Sprossen und bilden einen dichten Filz, der sich jedem Untergrund eng anschmiegt. Ein zweiter Unterschied: Efeu ist immergrün, bietet also auch im Winter Nahrung und Schutz für Vögel. Sein merkwürdiger Biorhythmus sorgt noch für weitere Vorteile: Wenn die ungewöhnlich nektarreichen Blüten im Spätherbst aufgehen, sind sie die letzten Nahrungsquellen für Insekten und werden sehr stark besucht. Im Frühjahr sind dann die Beeren bei Vögeln überaus begehrt.

Efeu (Familie Efeugewächse, Araliaceae) ist eine heimische Art, die sowohl an Bäumen und an Mauerwerk hochwächst als auch große Flächen als Bodendecker überziehen kann. Blüte- und Fruchtzeiten sind unkonventionell: Geblüht wird ab August bis in den Dezember, gefruchtet erst im nächsten Frühjahr ab März.

ZUM WEITERLESEN

Historische Literatur

Berlepsch, H. Freiherr von (1904): **Der gesamte Vogelschutz und seine Begründung und Ausführung.** Hermann Gesenius, Halle/Saale
Pfeifer, S. (1973): **Taschenbuch für Vogelschutz**, DBV, Stuttgart

Aktuelle Literatur

Beck, P. u.a. (2008): **Das Kosmos Handbuch Gartenteiche.** Kosmos, Stuttgart
Berthold, P. & G. Mohr (2008): **Vögel füttern – aber richtig.** Kosmos, Stuttgart
Bezzel, E. (1996): **BLV-Handbuch Vögel.** BLV, München
Burton, R. (2000): **Vögel in unserem Garten.** Richtig bestimmen und füttern. Dorling Kindersley, München
Dierschke, V. (2007): **Welcher Vogel ist das?** Kosmos, Stuttgart
Hecker, F. & K. Hecker (2008): **Kosmos Vogelführer für unterwegs.** Kosmos, Stuttgart
Jonsson, L. (1992): **Die Vögel Europas** und des Mittelmeerraumes. Kosmos, Stuttgart
Oberholzer, A. & L. Lässer (1997): **Ein Garten für Tiere.** Erlebnisraum Naturgarten. Ulmer, Stuttgart
Richarz, K. & M. Hormann (2008): **Nisthilfen für Vögel** und andere heimische Tiere. Aula, Wiebelsheim
Ruge, K. (2005): **Vogelschutz.** Ein praktisches Handbuch. Kosmos, Stuttgart
Schäffer, A. & N. Schäffer (2006): **Gartenvögel.** Naturbeobachtungen vor der eigenen Haustür. Aula, Wiebelsheim
Schmid, U. (2004): **Treffpunkt Tiere im Garten**: beobachten, bestimmen und anlocken. Kosmos, Stuttgart
Singer, D. (2006): **Vögel in Park und Garten.** Kosmos, Stuttgart
Singer, D. (2002): **Welcher Vogel ist das?** Kosmos, Stuttgart
Singer, D. (2007): **Vogeltreffpunkt Futterhaus.** Kosmos, Stuttgart
Svensson, L., P. junior Grant & K. Mullarney (1999): **Der neue Kosmos Vogelführer.** Alle Arten Europas, Nordafrikas und Vorderasiens. Kosmos, Stuttgart
Throll, A. und P. Kiermeier (2005): **Das Kosmos Handbuch Gartengehölze.** Kosmos, Stuttgart
Witt, R. (2001): **Der Naturgarten.** BLV, München

Vogelstimmen

Bergmann, H.-H. & W. Engländer (2008): **Amsel, Drossel, Fink und Star.** Unsere beliebtesten Vögel auf DVD-Video. Kosmos, Stuttgart
Bergmann, H.-H. & W. Engländer (2009): **Die Kosmos-Vogelstimmen-DVD.** Kosmos, Stuttgart
Kaiser, E (2001): **Mauersegler gezielt ansiedeln.** CD, Edition Ample, Rosenheim
Dreyer, W. (2007): **Vögel rund ums Haus.** Mit 60 Vogelstimmen auf CD. Kosmos, Stuttgart
Pott, E.; Roché J.C. (2003): **Wer singt denn da?** Der Kosmos Vogelstimmenkurs mit CD. Kosmos, Stuttgart

BEZUGSQUELLEN (AUSWAHL)

Nistkasten, Füttergeräte und Vogelfutter

Strobel Naturschutzbedarf
Nitzschkaer Straße 29
04626 Schmölln-Kummer
www.naturschutzbedarf-strobel.de

Klaus Hasselfeldt
Hauptstraße 86a
24869 Dörpstedt/Bünge
www.hasselfeldt-naturschutz.de

Vivara Naturschutzprodukte
Postfach 2520
41312 Nettetal-Kaldenkirchen
www.vivara.de

Schwegler Vogel- und Naturschutzprodukte GmbH
Heinkelstraße 35
73614 Schorndorf
www.schwegler-natur.de

Donath Wintervogelfutter
Inh. Andreas Donath
Bahnhofstraße 23
88250 Weingarten
www.wintervogelfutter.de

UV-Stifte für Fensterscheiben

www.birdpen.de
www.spinnennetz-effekt.de

Halbfette Seitenzahlen weisen auf Abbildungen hin.

Mit 140 Farbfotos von
Friedhelm Adam (S. 51 li, 59 li, 71 re, 72 re, 74 re), Hans-Heiner Bergmann (S. 45), Blickwinkel (S. 11), Stefan Cölsch (S. 36 uMi, 36 u, 37 uMi), Manfred Danegger (S. 44, 53 li, 70 li), Jürgen Diedrich (S. 52 li), Donath Wintervogelfutter (S. 36 o, 36 oMi, 37 o, 37 oMi, 37 u), Fotolia (S. 41, 42), H.-J. Fünfstück (S. 55 re), Hans Fürst (S. 57 re), Gartenschatz, Stuttgart (S. 18 u, 20 u, 79 beide, 80 beide, 81 beide, 82 beide, 84 re, 86 beide, 87 re, 88 beide, 89 re, 90 re), Robert Groß (S. 49 li, 67 re), Thomas Grüner (S. 13 u, 60 re, 64 beide), Alex Halley (S. 48, 65 re, 73 re), Oliver Hanstein (S. 43 u), Frank Hecker (S. 2/3, 5, 6, 17, 20 o, 23 o, 24 beide, 26 o, 32, 33, 34, 39 u, 40 alle, 46 beide, 47, 50, 56 re, 58 li, 59 re, 63 re, 66 li, 69 re, 77), Manfred Höfer (S. 62 beide, 68 li, 72 li), Alfred Limbrunner (S. 54 beide, 55 li, 67 li, 69 li), Mestel /

Frank Hecker (S. 1), Günter Moosrainer (S. 52 re, 73 li, 74 li), Dietmar Nill (S. 9 re, 68 re), Manfred Pforr (S. 14 o), Reiner Pospischil (S. 23 u), Reinhard Tierfoto / Angermayer (S. 66 re), Reinhard Tierfoto / Hans Reinhard (S. 7, 14 u, 21, 25, 28, 58 re), Sauer / Frank Hecker (S. 10 re), Helmut Schmalfuß (S. 12), Ulrich Schmid (S. 8, 9 li, 10 li, 16, 18 o, 22, 78, 83 beide, 84 li, 85 beide, 87 li, 89 li, 90 li), Rudolf Schmidt (S. 13 o, 19, 26 u, 35, 38, 39 o, 61 re, 70 re), Sohns / Silvestris (S. 51 li), Günter Stephan (S. 43 o), Günther Synatzschke (S. 29, 49 re), Tuschel / Willner (S. 30), Peter Zeininger (S. 53 re, 56 li, 57 li, 60 li, 61 li, 63 li, 65 li, 71 li).

Mit 40 Farbillustrationen von Wolfgang Lang (S. 27, 28, 29, 30, 31, 32, 39) und Walter Söllner (S. 75, 76).

Umschlaggestaltung von Atelier Reichert, Stuttgart, unter Verwendung von einem Foto von ©Peashooter/PIXELIO (Blaumeise) und einem Foto von Gartenschatz, Stuttgart (Ebereschenbeeren).

Mit 140 Farbfotos und 40 Farbillustrationen

Alle Angaben in diesem Buch sind sorgfältig geprüft und geben den neuesten Wissensstand bei der Veröffentlichung wieder. Da sich das Wissen aber laufend in rascher Folge weiterentwickelt und vergrößert, muss jeder Anwender prüfen, ob die Angaben nicht durch neuere Erkenntnisse überholt sind. Dazu muss er zum Beispiel Beipackzettel zu Dünge-, Pflanzenschutz- bzw. Pflanzenpflegemitteln lesen und genau befolgen sowie Gebrauchsanweisungen und Gesetze beachten.

Unser gesamtes lieferbares Programm und viele weitere Informationen zu unseren Büchern, Spielen, Experimentierkästen, DVDs, Autoren und Aktivitäten finden Sie unter **www.kosmos.de**

Gedruckt auf chlorfrei gebleichtem Papier

© 2009, Franckh-Kosmos Verlags-GmbH & Co. KG, Stuttgart
Alle Rechte vorbehalten
ISBN 978-3-440-11798-9
Projektleitung: KULLMANN & PARTNER GbR, Stuttgart
Redaktion: Bärbel Oftring, Böblingen
Produktion und Gestaltung: DOPPELPUNKT, Stuttgart
Grundlayout: Dietmar Grashoff, Lahr
Printed in Italy/Imprimé en Italie